ALLE · ZEIT · WACH · 1842

Das Immunsystem durchbohrt die Zellwand eines Bakteriums.
Unser Blut enthält Proteine, die eindringende Zellen erkennen und zerstören. In der oberen Hälfte dieser Abbildung sieht man Blutserum, die untere zeigt eine bakterielle Zellwand während eines Angriffs. Y-förmige Antikörpermoleküle erkennen die fremde Zelloberfläche und binden an sie; die Antikörper werden wiederum von sechsarmigen Proteinen (links) erkannt. Damit beginnt ein Prozeß, in dessen Verlauf ein Angriffskomplex gebildet wird, der die Zellwand durchbohrt (Mitte rechts). Die entstehenden Löcher sorgen dafür, daß das Ionengleichgewicht der eindringenden Bakterienzelle durcheinandergerät; sie dehnt sich aus und platzt. (1.000fach vergrößert)

David S. Goodsell

Labor Zelle

Molekulare Prozesse des Lebens

Springer-Verlag
Berlin Heidelberg New York
London Paris Tokyo
Hong Kong Barcelona
Budapest

Aus dem Amerikanischen von Isolde Tegtmeier

Mit 77 Abbildungen, davon 16 in Farbe

ISBN 3-540-57101-9
Springer-Verlag Berlin Heidelberg New York
Die Originalausgabe erschien 1993 unter dem Titel
»The Machinery of Life« im Springer-Verlag, New York
(ISBN 0-387-97846-1)

Redaktion: Ilse Wittig, Heidelberg
Umschlaggestaltung: Bayerl & Ost, Frankfurt,
unter Verwendung einer Illustration des Autors
Herstellung und Innengestaltung: Andreas Gösling, Heidelberg
Satz: Datenkonvertierung durch Springer-Verlag
Druck: Druckerei Zechner, Speyer
Bindearbeiten: J. Schäffer GmbH & Co. KG, Grünstadt
67/3130 – 5 4 3 2 1 0 – Gedruckt auf säurefreiem Papier

Meinen Eltern,
David und Cheryl Goodsell

Inhaltsverzeichnis

Vorwort

Stellen Sie sich einmal vor, wir könnten einen direkten Blick auf die Moleküle in unserem Körper werfen, vielleicht mit Hilfe eines Röntgenmikroskops oder einer Schrumpfungs- und Vergrößerungsmaschine à la Asimov (leider ist beides nach dem heutigen Stand der Technik nicht realisierbar). All die Wunder, die wir aus erster Hand miterleben könnten: Antikörper, die ein Virus angreifen; elektrische Impulse, die an Nervenfasern entlangschießen; Proteine, die neue DNA-Stränge aufbauen. Viele Fragen, über die sich die Biochemiker heute noch den Kopf zerbrechen, könnten auf einen Blick beantwortet werden. Doch die mikroskopisch kleine Welt der Moleküle ist von unserer vertrauten Welt durch einen unüberwindlichen, millionenfachen Größenunterschied getrennt.

Ich möchte mit den Illustrationen in diesem Buch dazu beitragen, diese Kluft zu überbrücken, und uns einen Blick auf die molekulare Struktur von Zellen ermöglichen; es ist kein direkter Blick, sondern eine künstlerische Interpretation dessen, was wir sehen *würden*. Zu diesem Zweck habe ich zwei Arten von Abbildungen entworfen: Zeichnungen, die einen kleinen Ausschnitt aus einer lebenden Zelle in einmillionenfacher Vergrößerung zeigen und die Anordnung der Moleküle in ihrem Innern wiedergeben, sowie Computermodelle, die den genauen atomaren Aufbau einzelner Moleküle erkennen lassen (Farbtafeln).

Während meiner Arbeit an den Illustrationen mußte ich mehrere Fragen klären, die für das Buch von Bedeutung waren. Da ist zum einen das Problem des Maßstabs. Die meisten von uns haben nur eine verschwommene Vorstellung davon, in welchem Größenverhältnis Wassermoleküle, Proteine, Ribosomen, Bakterien und Menschen zueinander stehen. Um ein besseres Verständnis von ihrer relativen Größe zu vermitteln, habe ich bei allen Abbildungen mit wenigen, einheitlichen Vergrößerungsfaktoren gearbeitet. Den quadratischen Zeichnungen in den Kapiteln 4 bis 7, die einen Einblick ins Innere lebender Zellen bieten, liegt eine einmillionenfache Vergrößerung zugrunde. So sind sie direkt miteinander vergleichbar: durch Hin- und Herblättern innerhalb dieser Kapitel lassen sich Größe und Aussehen von DNA, Lipid-Doppelschichten, Kernporen und all den anderen Molekülen in lebenden Zellen vergleichen. Bei den Computermodellen einzelner Moleküle habe ich zwei verschiedene Vergrößerungsmaßstäbe benutzt: zehnmillionenfache Vergrößerung, um ein ganzes Makromolekül abzubilden, und dreißigmillionenfache Vergrößerung zur besseren Darstellung kleiner Moleküle.

Ich habe für die Abbildungen auch eine einheitliche Darstellungsform gewählt; wiederum, um den direkten Vergleich zu ermöglichen. Für alle Moleküle wurde ein Raummodell verwendet; es gibt keine willkürlichen Sprünge zwischen Kopf-Schwanz-Modellen, Bindungs- und Banddiagrammen und chemischen Symbolen. Ich habe durchgängig versucht, meinen Lesern ein stimmiges Bild von der Form und Größe der Moleküle zu vermitteln.

Bei den Abbildungen, die das Innere von Zellen darstellen, habe ich mich bemüht, jeweils an der richtigen Stelle eine realistische Menge von Molekülen einzuzeichnen, und auf die richtige Größe und Form geachtet. Die bis heute veröffentlichten Daten über die Verteilung und Konzentration von Molekülen sind jedoch bei weitem noch nicht vollständig und werden ständig ergänzt und differenziert. Deshalb unterliegen die Bilder von Zellen einer gewissen persönlichen Interpretation, insbesondere die Abbildungen der Hefe und der menschlichen Zellen in den Kapiteln 5 und 6. Dazu kommt, daß die genaue atomare Zusammensetzung der Moleküle in vielen Fällen noch nicht erforscht ist, so daß ein gewisser Spielraum für die Phantasie erhalten bleibt.

Ich habe den Text für Leser ohne wissenschaftliche Vorkenntnisse geschrieben; der Grad von wissenschaftlicher Genauigkeit bei den Abbildungen sollte jedoch auch Biochemiker zufriedenstellen. Dem Laien bietet das Buch eine Einführung in die Biochemie – eine reich bebilderte Übersicht über die Moleküle, die für den Ablauf der lebenswichtigen Prozesse im Körper sorgen. Es erhebt keinen Anspruch auf Vollständigkeit. Wer detailliertere Informationen sucht, sei auf die hervorragenden Lehrbücher verwiesen, die am Ende des Buches aufgelistet sind (Lubert Stryers *Biochemie* eignet sich hervorragend als Einstieg, und die *Molekular-*

biologie der Zelle von Alberts et al. erleichtert den Zugang zu den Original-Forschungsberichten in fast allen Bereichen der Biochemie.) Was die Biochemiker unter meinen Lesern betrifft, so hoffe ich, daß das Buch ihrer Vorstellungskraft Flügel verleihen wird. Die Abbildungen sollen ihnen helfen – so wie sie mir selbst geholfen haben – sich biologische Moleküle in ihrer natürlichen Umgebung vorzustellen: dichtgedrängt im Innern von lebenden Zellen.

Ich danke all denen, die dieses Projekt von Anfang bis Ende begleitet haben. Arthur Olson hat mir in jedem Stadium hilfreiche Anregungen gegeben und mir im Molecular Graphics Laboratory am Scripps Research Institute in La Jolla eine ausgezeichnete Arbeitsumgebung geboten. Die Computermodelle wurden mit Programmen erstellt, die ich im Rahmen des Daymon Runyon-Walter Winchell Cancer Research Fund und der National Institutes of Health entwickelt habe. Abschließend möchte ich Bill Grimm für seine Unterstützung und Zuversicht danken.

1 Einführung

Sie und ich, wir sind mit allen anderen Lebewesen auf der Erde verwandt. Bei unseren engsten Verwandten – unseren Eltern und Geschwistern – genügt schon ein flüchtiger Blick, um die Familienähnlichkeit festzustellen. Mit einem ähnlich flüchtigen Blick läßt sich zeigen, daß Sie und ich nahe Verwandte sind und daß wir wiederum mit allen anderen Menschen eng verwandt sind. Die Unterschiede zwischen uns sind minimal – leichte Variationen in Körperbau und Hautfarbe.

Die Wirbeltiere oder Vertebraten – Säugetiere, Vögel, Reptilien, Amphibien und Fische – stellen unsere weitläufige Verwandtschaft dar. Sie sind entfernte Vettern, deshalb müssen wir ihre Anatomie etwas genauer untersuchen, um die Ähnlichkeit zu erkennen. Der innere Aufbau unseres Körpers ist mit dem anderer Vertebraten praktisch identisch. Wir alle haben ein Nervensystem, das von einem Gehirn gesteuert wird und die Muskeln anweist, ein Skelett in Bewegung zu setzen, und das auf Reize reagiert, die über Augen und Ohren zu ihm gelangen. Die Unterschiede zwischen uns und einem Elefant oder einer Eidechse sind eigentlich kaum der Rede wert: längere Beine, dichtere Behaarung oder schärfere Zähne.

Bei näherem Hinsehen erkennen wir auch unsere Verwandschaft mit niederen Tieren – Schwämmen, Insekten, Plattwürmern – sowie mit allen Pflanzen, Pilzen und Einzellern. Ein Blick durchs Mikroskop zeigt uns, daß sie alle aus Zellen bestehen. Die Zellen, aus denen unser Körper aufgebaut ist, haben mit den Zellen anderer Organismen eine Menge gemeinsam. Sie alle haben ähnliche Mechanismen, um sich Nahrung zu beschaffen, sich gegen Kälte und Hitze zu schützen, nutzbare Energie zu gewinnen und sich fortzupflanzen.

Bei noch näherem Hinsehen erkennen wir unsere Beziehung zu unseren entfernten Verwandten, den Bakterien. Mit Hilfe von biochemischen Techniken wurde die grundlegende Entsprechung – die Familienähnlichkeit – zwischen diesen einfachen Zellen und allen anderen Lebensformen auf der Erde aufgedeckt: die ähnliche Funktionsweise einer Vielzahl von Molekülen, deren Zusammenspiel die Lebensfunktionen aufrechterhält.

Verfolgen wir unseren Stammbaum 3,5 bis 4 Milliarden Jahre zurück, so können wir wohlbegründete Vermutungen darüber anstellen, wie unser entferntester Urahn ausgesehen haben könnte. Man nimmt an, daß Moleküle eines bestimmten Typs den Grundstein für die Entwicklung des Lebens gelegt haben. Durch eine besondere Eigenschaft waren diese Moleküle allen anderen überlegen: Sie konnten eine identische Kopie von sich selbst anfertigen, und das lediglich unter Verwendung der Stoffe, die in ihrer Umgebung verfügbar waren. Auch wenn sich darüber streiten läßt, ob diese Moleküle bereits »lebten«, so hatten sie doch einen Vorgang für sich entdeckt, der für alle modernen Lebensformen von zentraler Bedeutung ist: die Fähigkeit, sich zu vermehren.

Unter dem Druck der natürlichen Auslese entwickelten sich diese Moleküle weiter, wurden allmählich immer leistungsfähiger und schlossen sich mit anderen Molekülen zu den ersten Organismen zusammen. Die ersten molekularen Maschinen entstanden; sie führten chemische Reaktionen aus und versetzten die Organismen dadurch in die Lage, die benötigten Moleküle selbst herzustellen, statt von den Molekülen in ihrer Umgebung abhängig zu sein. Es entwickelten sich molekulare Motoren, die eine gerichtete Bewegung ermöglichten. Es wurden Schutzhüllen aus Molekülen aufgebaut, die es den Organismen erlaubten, sich von ihrer Umwelt abzugrenzen und sich damit vor Zerstörung zu schützen.

Allmählich gewannen die Organismen, die sich am besten vermehren konnten, die Oberhand und verdrängten ihre weniger produktiven Konkurrenten. Die Lebewesen, die in diesem Wettbewerb siegreich blieben, sind unsere direkten Vorfahren: urtümliche Zellen, die sich aus einer Vielzahl einzelner molekularer Maschinen zusammensetzten, von denen jede innerhalb der Lebensfunktionen eine bestimmte Aufgabe wahrnahm. Die gleichen spezialisierten Moleküle werden noch heute von allen modernen Organismen verwendet – in verbesserter und angepaßter Form, aber im wesentlichen noch genauso wie bei den ersten Zellen. Im Laufe der langen erdzeitlichen Geschichte wurde das Geheimnis, wie aus unbelebter Materie Leben entsteht, kein zweites Mal gelüftet, und so können wir und alle anderen Lebewesen diese frühe Zelle als unseren gemeinsamen Vorfahren betrachten, die Wurzel unseres Stammbaums.

In diesem Buch werden wir unser gemeinsames Erbe, die molekularen Maschinen, erforschen. Teil I beginnt mit einer näheren Betrachtung der einzelnen molekularen Maschinen, wie sie in modernen Zellen gebaut und verwendet werden: Proteine (Eiweißstoffe), Nucleinsäuren, Lipide (Fette) und Polysaccharide (Zucker). Wir werden dann sehen, wie diese molekularen Maschinen zusammenarbeiten, um die Lebensfunktionen aufrechtzuerhalten – Vermehrung, Nutzung von Energiequellen und die Auseinandersetzung mit einer feindlichen Umwelt.

In Teil II werden all diese Informationen in Abbildungen zusammengefaßt, die den molekularen Aufbau vier verschiedener Lebewesen zeigen. An einem einfachen Organismus, dem Bakterium *Escherichia coli,* läßt sich erkennen, daß ganz wenige Grundtypen von Molekülen in verschiedenen Varianten alle Aufgaben erfüllen, die zum Leben erforderlich sind. Dann werden wir sehen, daß die gleichen molekularen Maschinen in leicht abgewandelter Form, aber ohne nennenswerte Veränderungen, in einem komplexeren Organismus zu finden sind: der Hefe. Danach werden wir zwei vielzellige Organismen betrachten, uns selbst und eine Pflanze, um die unglaubliche Funktionsvielfalt zu erleben, die allein durch Abwandlung der molekularen Maschinen der Bakterien ermöglicht wird.

Zum Abschluß wird in Teil III des Buches eine Reihe von Sonderthemen behandelt. Nachdem wir die Funktionsweise einiger Zellen des menschlichen Körpers betrachtet haben, werden wir den Bedarf an bestimmten Vitaminen untersuchen; wir werden erleben, wie Viren die zelleigenen Maschinen kapern, um ihre eigene Vermehrung zu gewährleisten, und wir werden den feinen Unterschied zwischen einem Medikament und einem Gift kennenlernen.

Die Welt der Zellen

Zellen sind klein, aber nicht unvorstellbar klein. Sie sind etwa tausendmal kleiner als Gegenstände in unserer Alltagswelt (Abb. 1, 2). Eine typische Zelle in unserem Körper ist etwa 10 Mikrometer* lang – ungefähr tausendmal kürzer als Ihr letztes Fingerglied. Einen tausendfachen Größenunterschied kann man sich leicht vorstellen: ein Reiskorn ist etwa tausendmal kürzer als das Zimmer, in dem Sie sitzen. Stellen Sie sich vor, Ihr Zimmer wäre mit Reiskörnern gefüllt, dann bekommen Sie eine Vorstellung von den ca. eine Milliarde Zellen, die Ihre Fingerspitze bilden.

Die geringe Ausdehnung von Zellen ist mitbestimmend dafür, wie sie sich in ihrer Umgebung verhalten. Für ein Objekt von dieser Größe spielt die Schwerkraft keine so überragende Rolle wie für unser eigenes Leben. Weit wichtiger ist der ständige Druck durch das Wasser, das die Zelle umgibt. Für Objekte von der Größe einer Zelle ist Wasser nicht so dünnflüssig, wie

* 1 Mikrometer = 1/1 000 000 Meter

Abb. 1 a–f. Einhundertfache Vergrößerung. **a** Eine Zusammenstellung von Zellen (auf der nächsten Abbildung weiter vergrößert). **b** Menschliche Eizelle – die größte Zelle des Menschen – im vierzelligen Stadium. **c** Tafelsalzkörner. **d** Menschenhaar. **e** Der Einzeller *Paramecium multimicronucleatum*. **f** Der Einzeller *Amoeba proteus*.

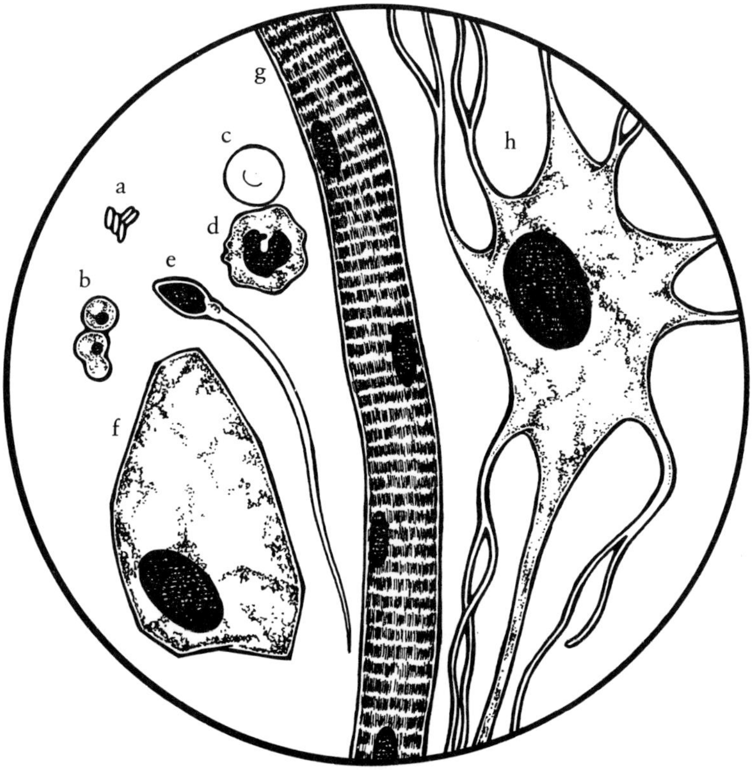

Abb. 2 a–h. Eintausendfache Vergrößerung. **a** Fünf Bakterienzellen von *Escherichia coli*. **b** Zwei Hefezellen, *Saccharomyces cerevisiae*, eine davon im Knospungsprozeß (»Budding«). **c** Rote Blutzellen des Menschen. **d** Menschlicher Lymphocyt. **e** Menschliche Spermazelle. **f** Menschliche Epidermis-(Oberhaut-)Zelle. **g** Gestreifte Muskelzelle des Menschen. **h** Menschliche Nervenzelle.

es uns erscheint, sondern ausgesprochen zähflüssig. Das läßt sich sehr gut am Beispiel der Oberflächenspannung des Wassers nachvollziehen: Kleine Insekten können auf der Oberfläche eines Teiches entlanggleiten; versucht dies jedoch ein Mensch, so triumphiert die Wirkung der Schwerkraft auf seinen ungeheuer großen Körper über die schwächeren Kräfte des Wassers, so daß er auf den Grund sinkt. Zellen leben in einer Welt, die voll ist von dickem, zähflüssigem Wasser, fast ohne etwas von der Schwerkraft zu merken. Wenn sie sich von einem Ort zum anderen bewegen, verbrauchen sie einen Großteil ihrer Energie dafür, sich durch die klebrige Flüssigkeit voranzukämpfen, und nicht etwa dafür, ihr Gewicht vom Boden zu heben.

Die Welt der Moleküle

Eine weitere eintausendfache Verkleinerung bringt uns aus der Welt der Zellen in die Welt der Moleküle (Abb. 3, 4). Die Länge eines durchschnittlichen Proteins, wie es von der Zelle verwendet wird, und das aus etwa fünftausend Atomen besteht, beträgt etwa ein Tausendstel der Länge einer Zelle, oder ein Millionstel der Länge Ihrer Fingerkuppe. Könnten wir Objekte einmillionenfach vergrößern, wären die Moleküle gut sichtbar. Die Atome wären gerade eben noch zu erkennen; sie würden uns etwa so groß erscheinen wie ein Salzkorn. Denken Sie auch jetzt wieder an die Reiskörner, mit denen Ihr Zimmer

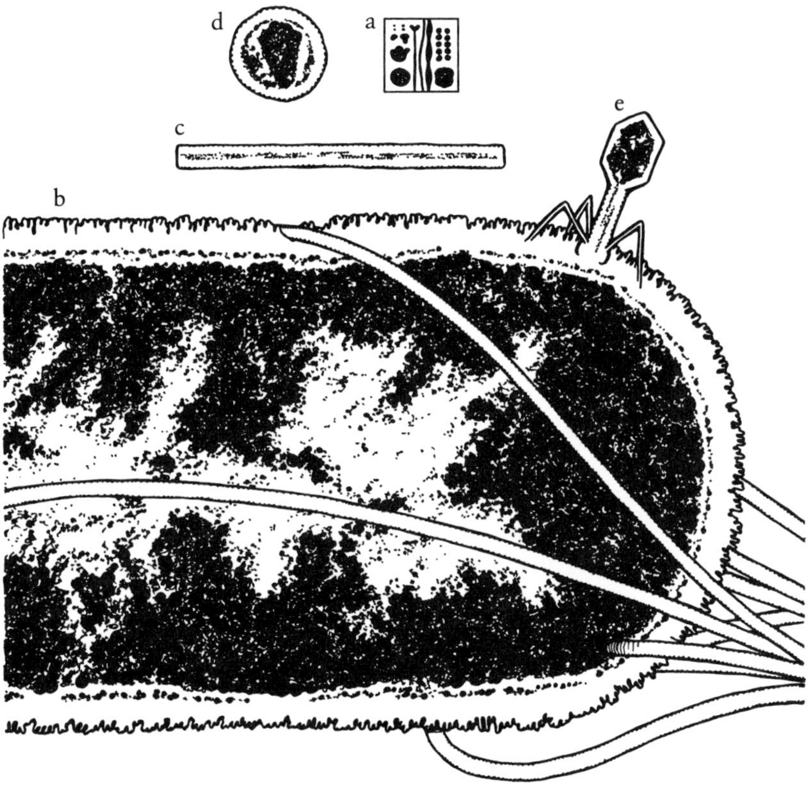

Abb. 3 a–e. Einhunderttausendfache Vergrößerung. **a** Zusammenstellung von Molekülen (auf der nächsten Abbildung weiter vergrößert). **b** Bakterienzelle (*a* auf der vorigen Abbildung). **c** Tabakmosaikvirus. **d** HIV-(Human Immunodeficiency)Virus. **e** Bakterielles Virus.

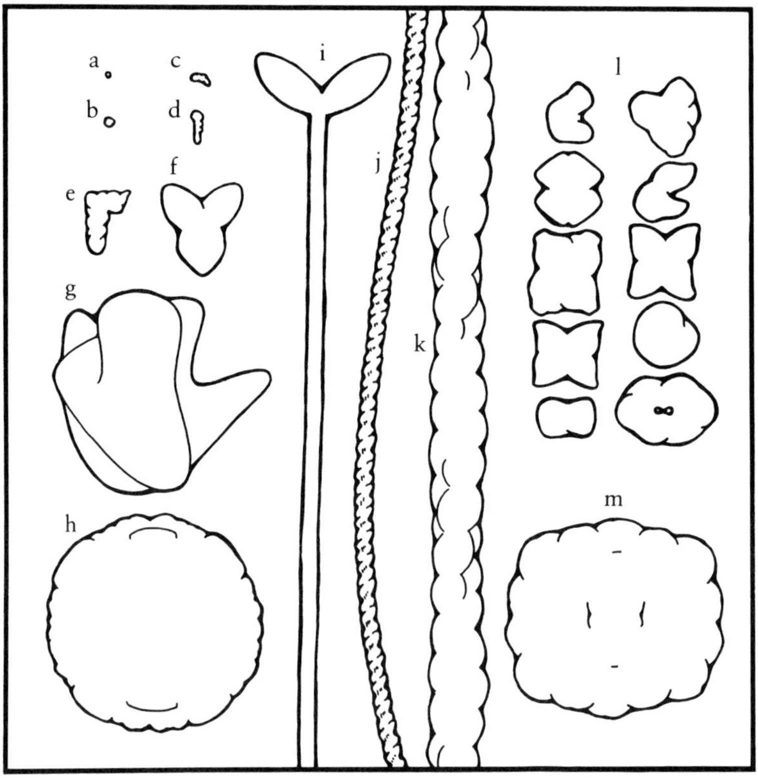

Abb. 4 a–m. Einmillionenfache Vergrößerung. **a** Kohlenstoffatom. **b** Glucose. **c** Adenosin-triphosphat (ATP). **d** Chlorophyll. **e** Transfer-RNA. **f** Antikörper. **g** Ribosom. **h** Poliovirus. **i** Myosin. **j** Desoxyribonucleinsäure (DNA). **k** Actin. **l** Die zehn an der Glycolyse beteiligten Enzyme. **m** Pyruvat-Dehydrogenase-Komplex.

zugeschüttet ist, dann können Sie sich die etwa eine Milliarde Proteinmoleküle vorstellen, die in eine einzige Zelle hineinpassen würden.

Moleküle sind so klein, daß die Schwerkraft für sie überhaupt keine Rolle spielt; das »Leben« der großen Moleküle in Zellen wird völlig von den sie umgebenden Wassermolekülen bestimmt. Bei Zimmertemperatur bewegt sich ein mittelgroßes Proteinmolekül mit einer Geschwindigkeit von etwa fünf Metern pro Sekunde. Könnte man es allein in einen leeren Raum setzen, würde dieses Protein eine Strecke, die so lang ist wie es selbst (zehn Nanometer) in etwa zwei Nanosekunden zurücklegen.* In der Zelle ist dieses Protein jedoch ringsum von Wassermolekülen umgeben. Es wird von allen Seiten stark gebeutelt. Es springt hin und her, stets mit großer Geschwindigkeit, aber es gelangt dabei eigentlich nirgendwohin. Im Wasser braucht dieses durchschnittliche Protein nun für die gleiche Strecke von zehn Nanometern beinahe tausendmal so lange, als wenn es sich ungehindert bewegen könnte.

Stellen Sie sich eine ähnliche Situation in unserer gewohnten Welt vor. Sie betreten ein Flughafengebäude und wollen zu einem Schalter auf der anderen Seite der Halle. Der Abstand beträgt einige Meter – eine Entfernung, die in Relation zu Ihrer Körpergröße steht. Wenn die Halle leer ist, läßt sich die Strecke in wenigen Minuten zurücklegen. Doch stellen Sie sich vor, die Halle wäre statt dessen zum Bersten voll mit anderen Menschen, die versuchen, sich zu ihrem jeweiligen Abflugschalter durchzukämpfen. Bei all dem Drängeln und Schubsen brauchen Sie nun fünfzehn Minuten, um auf die andere Seite der Halle zu gelangen. Während dieser Zeit werden Sie vielleicht überall im Raum herumgeschubst, vielleicht sogar ein paarmal an Ihren Ausgangspunkt zurückgedrängt. Dies ähnelt dem Zickzackkurs, den Moleküle in der Zelle einschlagen (allerdings mit dem Unterschied, daß Moleküle kein bestimmtes Ziel haben).

Die Molekülabbildungen

Jedes bebilderte Buch über Moleküle setzt ein gewisses Maß an Improvisationstalent voraus, denn es gibt nun einmal keine Möglichkeit, die Moleküle direkt zu betrachten. Wie sieht ein Molekül aus? Moleküle sind Atomverbände; jedes Atom besteht aus einem unglaublich winzigen Kern, der von einer Elektronenwolke umhüllt wird. Die Atome sind viel zu klein, als daß wir sie unmittelbar in Augenschein nehmen könnten, selbst wenn wir die leistungsfähigsten Lichtmikroskope benutzen würden. Zwei Versuchstechniken erlauben uns jedoch annäherungsweise, einen Blick auf Atome und Moleküle zu werfen. Elektronenmikroskope arbeiten statt mit Licht mit einem photographisch erfaßten Elektronenstrahl. Das Ergebnis entspricht genau unseren Erwartungen. Elektronenmikroskopische

* 1 Nanometer = 1/1 000 000 000 Meter
1 Nanosekunde = 1/1 000 000 000 Sekunde

Aufnahmen zeigen verschwommene Elektronenwolken, die unsichtbare Zellkerne umgeben. Beim Raster-Tunnel-Mikroskop dagegen geht es mehr darum, ein plastisches Bild zu erhalten. Eine hauchdünn geschnittene Probe wird an der Oberfläche eines Moleküls entlang abgetastet; der Strahl trifft dabei an vielen Stellen auf das Molekül auf. Dabei wird ein reliefartiges Bild von der Oberfläche des Moleküls aufgebaut. Während Elektronenmikroskope uns indirekt zeigen, wie Moleküle *aussehen* würden, zeigen uns Raster-Tunnel-Mikroskope indirekt, wie Moleküle sich *anfühlen* würden.

Diese Bilder von mäßiger Qualität sind jedoch für die Untersuchung der großen molekularen Maschinen, mit denen die Zelle arbeitet, nicht sonderlich aufschlußreich. Auf Elektronenmikrographen überlappen sich die zahlreichen Atome und bilden ein verwirrendes Durcheinander. Mit dem Raster-Tunnel-Mikroskop erzeugte Modelle vermitteln nur ein grobes, teilweise verzerrtes Bild der Oberfläche. Die Molekülmodelle für dieses Buch wurden dagegen künstlich, d. h. per Computer, erstellt; sie beruhen auf Versuchsergebnissen zur dreidimensionalen Anordnung der einzelnen Atome im Raum.

In diesem Buch werden zwei verschiedene Darstellungtypen für einzelne Moleküle verwendet (Abb. 5). Der erste ist eine einfache Umrißzeichnung, die eine grobe Vorstellung von der ungefähren Form und Größe des Moleküls gibt. Alle Umrißzeichnungen in diesem Buch wurden mit einmillionenfacher Vergrößerung gezeichnet, damit die Abbildungen direkt miteinander verglichen werden können, um die relative Größe und Form verschiedener Moleküle kennenzulernen.

Der zweite Typ ist eine raumfüllende Abbildung, die jedes einzelne Atom in dem Molekül zeigt. Um jedes Atom wurde eine Kugel mit dem Kern als Mittelpunkt eingezeichnet, die gerade groß genug ist, um die Elektronen zu umschließen. Ein solches Raummodell ist nützlich, weil es die genaue Lage eines jeden Atoms sowie das Raumvolumen zeigt, das von dem Molekül beansprucht wird – das Raumvolumen, in das keine anderen Atome eindringen können. Die Umrißzeichnung sollte lediglich als eine Vereinfachung des Raummodells betrachtet werden, bei der alle Spitzen und Mulden des Moleküls abgerundet werden. Für dieses Buch wurden Raummodelle mit zwei verschiedenen Vergrößerungen entworfen; zehnmillionenfach für Abbildungen, die die großen molekularen Maschinen der Zel-

a. 1,000,000×

b. 10,000,000×

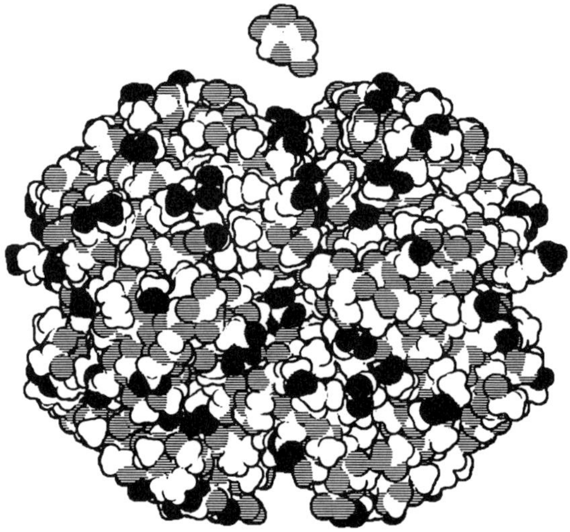

Abb. 5 a–c. Molekülabbildungen. Hämoglobin (das Protein, das Sauerstoff in unserem Blut transportiert) und Glucose werden mit drei unterschiedlichen Vergrößerungsfaktoren dargestellt. Das kleine Glucosemolekül befindet sich jeweils oberhalb des größeren Hämoglobinmoleküls.
a Bei einmillionenfacher Vergrößerung haben die einzelnen Atome etwa die Größe eines Salzkorns. Für diese Vergrößerung wurden Umrißzeichnungen verwendet, bei denen die einzelnen Atome nicht eingezeichnet sind. **b** Bei zehnmillionenfacher Vergrößerung sind die Atome etwas kleiner als eine Erbse. Alle Atome wurden in ein Raummodell eingezeichnet.
c Bei dreißigmillionenfacher Vergrößerung paßt ein ganzes Hämoglobinmolekül nicht mehr auf die Seite, doch bei dem Glucosemolekül ist die Anordnung der Atome gut erkennbar. Auch hier sind alle Atome als Raummodell dargestellt.

c. 30,000,000 ×

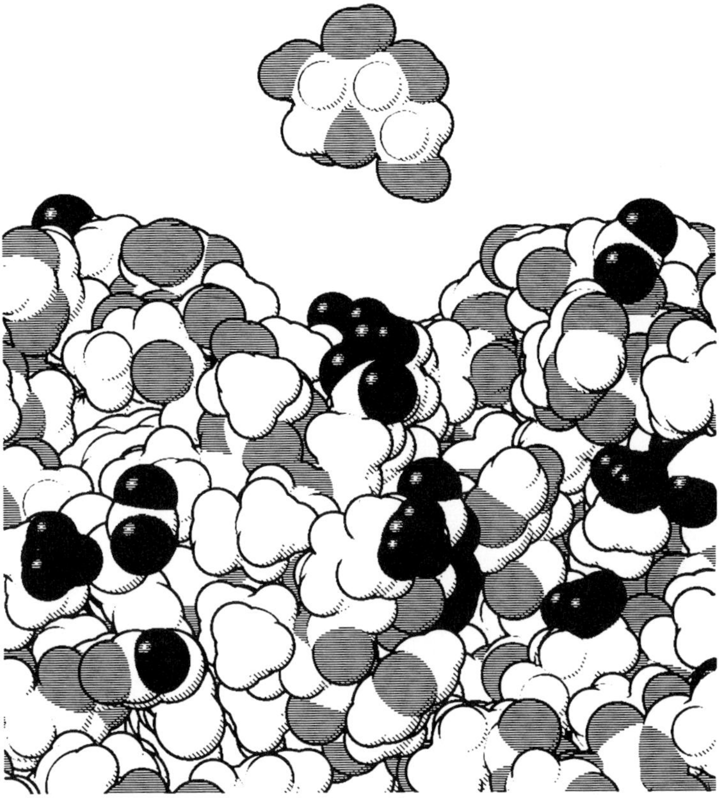

len zeigen, und dreißigmillionenfach für Detailzeichnungen und Abbildungen kleinerer Moleküle, die aus weniger als hundert Atomen bestehen.

Denken Sie jedoch beim Betrachten der Zeichnungen und Computergraphiken in diesem Buch daran, daß es sich lediglich um Modelle von diffusen Elektronenwolken handelt, die eine Ansammlung winziger Kerne umgeben.

Teil I
Moleküle und Leben

Moderne Zellen bauen die komplexesten Moleküle der Welt – *molekulare Maschinen*, von denen jede eine besondere Struktur und ganz bestimmte Eigenschaften besitzt, die genau auf ihre Funktion zugeschnitten sind.

2 Molekulare Maschinen

Die Lebensprozesse werden von Molekülen in Gang gehalten – von vielfältigen, komplexen Molekülen mit genau definierten funktionellen Möglichkeiten. Genau wie die Maschinen in unserer modernen Welt sind diese Moleküle darauf ausgerichtet, bestimmte Aufgaben zu erfüllen – rationell, präzise und zuverlässig. Moderne Zellen bauen Hunderttausende verschiedener molekularer Maschinen auf, die jeweils eine der Hunderttausende von Einzelfunktionen innerhalb der Lebensprozesse wahrnehmen. Diese molekularen Maschinen sind nach vier Molekül-Grundmustern gebaut. Während unsere makroskopischen – mit bloßem Auge sichtbaren – Maschinen aus Metall, Holz, Kunststoff oder Keramik bestehen, setzen sich die mikroskopisch kleinen Maschinen in den Zellen aus Protein, Nucleinsäure, Lipid und Polysaccharid zusammen. Auf der Grundlage dieser Baupläne entstehen charakteristische chemische Substanzen, die jeweils optimal auf eine bestimmte Rolle in der Zelle zugeschnitten sind.

Anhand der *Hydrophobizität* dieser chemischen Substanzen können wir uns ein Bild von ihren charakteristischen Eigenschaften machen. Weil eine typische Zelle nach Gewichtsanteilen zu etwa 70 % aus Wasser besteht, ist die Wechselwirkung der Moleküle mit Wasser oft entscheidend für ihr Verhalten innerhalb der Zelle. Moleküle zeigen im wäßrigen Milieu meist eine von zwei Verhaltensweisen. Elektrisch geladene Moleküle – gewöhnlich solche, die reich an Sauerstoff- und Stickstoffatomen sind –, sind dem Wasser gegenüber reaktionsfreudig und werden als *hydrophil* (»wasserliebend«) bezeichnet. Hydrophile Moleküle sind gut wasserlöslich; sie umgeben sich gern mit einer Schicht aus Wassermolekülen. Bekannte Beispiele für hydrophile Moleküle sind Haushaltszucker und Essigsäure. Ungeladene Moleküle dagegen – vor allem solche, die reich an Kohlenstoffatomen sind – reagieren ungern mit Wasser und werden deshalb als *hydrophob* (»wasserscheuend«) bezeichnet. Im Wasser neigen hydrophobe Moleküle dazu, sich eng aneinanderzulagern und Klumpen zu bilden, damit nur eine minimale Oberfläche mit dem Wasser in Berührung kommt. Dies geschieht zum Beispiel, wenn Öl auf Wasser trifft: Das hydrophobe Öl bildet Tröpfchen, um den Kontakt mit dem Wasser so gering wie möglich zu halten.

Große Moleküle sind im allgemeinen komplexer aufgebaut. Sie haben oft sowohl hydrophobe als auch hydrophile Bereiche. Die unterschiedliche Hydrophobizität dieser verschiedenen Abschnitte führt bei großen Molekülen in wäßriger Lösung zu vielfältigen Reaktionen. Die lebende Zelle macht sich die unterschiedlichen Reaktionsformen ihrer molekularen Bestandteile gegenüber dem Wasser zunutze.

Nucleinsäuren

Nucleinsäuren dienen zur Speicherung und Übertragung der Erbinformation in der Zelle. Da sie mit anderen Nucleinsäuren auf einzigartige Weise reagieren, sind sie für diesen Zweck optimal geeignet. Nucleinsäuren bestehen aus langen Ketten von Nucleotiden (Abb. 6a). Jedes Nucleotid besteht aus einer Zucker-Phosphat-Gruppe und einer scheibenförmigen Basengruppe. Die Zucker-Phosphat-Gruppen verbinden sich miteinander und bilden so ein stark hydrophiles Rückgrat (Phosphate tragen eine negative elektrische Ladung), während die größtenteils hydrophoben Basen an der Seite dieser Kette herunterhängen. In wäßrigem Milieu stapeln sich die benachbarten Basen übereinander wie eine Rolle Pfennigstücke, um sich so gut es geht von dem umgebenden Wasser zu isolieren. Die eine Seite des Stapels wird von dem hydrophilen Rückgrat geschützt, das andere Ende jeder Base ist jedoch ungeschützt. Genau darin liegt nun der große Nutzen der Nucleinsäuren begründet: Den freiliegenden Enden fiel irgendwann im Laufe der Entwicklungsgeschichte die Aufgabe zu, spezifische Reaktionen mit anderen Nucleinsäuresträngen einzugehen.

In der DNA (Desoxyribonucleinsäure, einer Form der Nucleinsäure) kommen vier verschiedene Basen vor: Adenin

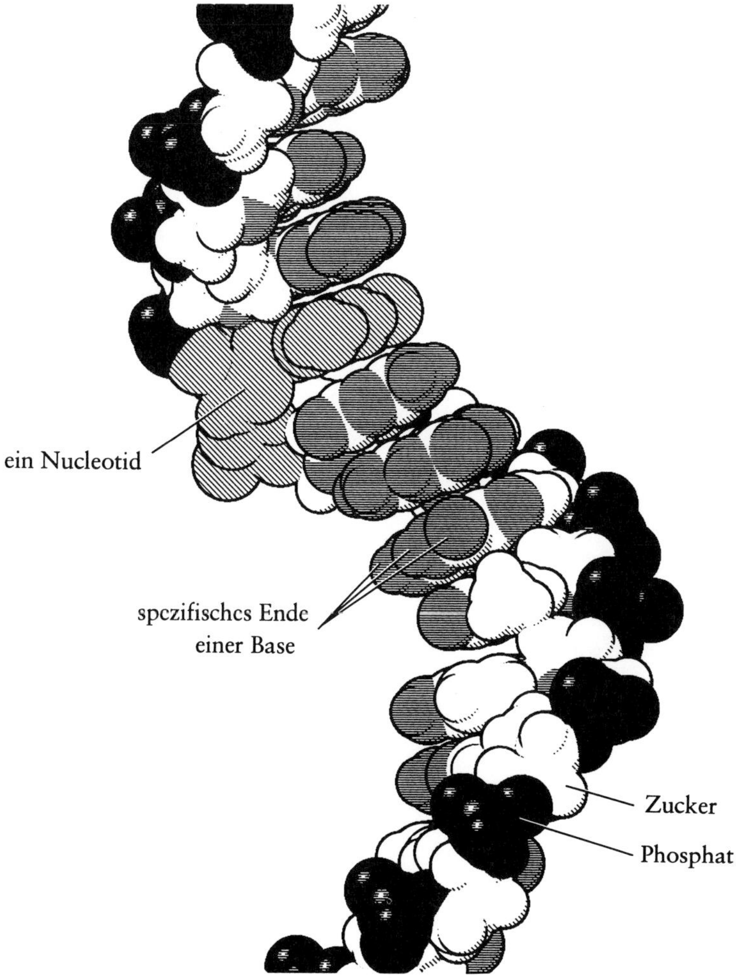

Abb. 6. a Struktur der Nucleinsäure. Nucleinsäurestränge sind besonders einheitliche Ketten aus ähnlichen Nucleotiden. Die Atome in diesem kurzen DNA-Abschnitt sind entsprechend ihrer Hydrophobizität gefärbt: hydrophobe Atome weiß, leicht hydrophile Atome grau und stark hydrophile Atome schwarz. Hier und auf den folgenden Abbildungen sind die wasserliebenden Atome jeweils dunkler eingefärbt. Die Atome eines Nucleotid-Bausteins – ein Zucker, ein Phosphat und eine Base – sind schraffiert dargestellt. (30.000.000fach vergrößert)

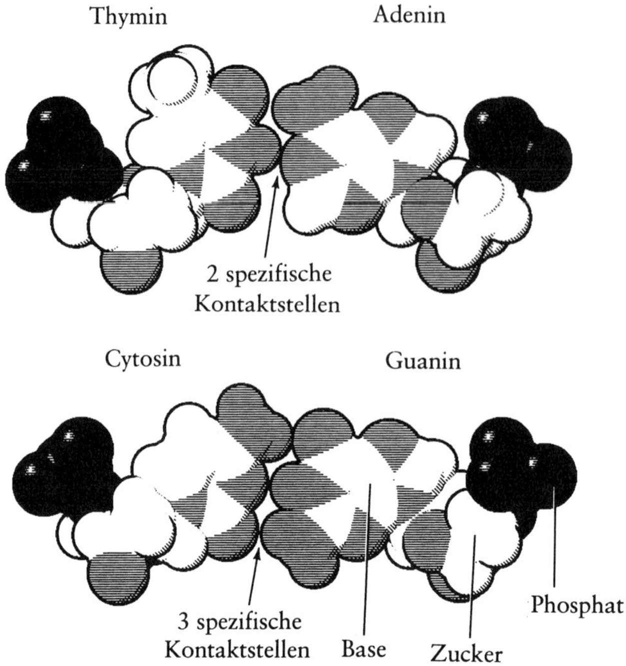

Abb. 6. b Basenpaarung bei Nucleinsäuren. Betrachtet man einzelne Basenpaare einer DNA-Doppelhelix, so erkennt man die beiden spezifischen Wasserstoff-Brückenbindungen zwischen Adenin und Thymin sowie die drei zwischen Cytosin und Guanin. (30.000.000fach vergrößert)

(A), Thymin (T), Cytosin (C) und Guanin (G). Die Enden der Basen sind chemisch komplementär: Das Ende von A bildet zwei spezifische Wasserstoff-Brückenbindungen zu dem Ende von T – und nur von T – aus, und das Ende von C bildet drei spezifische Wasserstoffbrücken ausschließlich zu G aus (Abb. 6b). (Wasserstoff-Brückenbindungen sind schwächer als die Bindungen zwischen den Atomen innerhalb eines Moleküls, aber eine Handvoll von ihnen kann zwei Moleküle fest miteinander verknüpfen. Die Oberflächenspannung des Wassers, die in der Einführung erwähnt wurde, beruht auf Wasserstoff-Brückenbindungen zwischen den einzelnen Wassermolekülen.) Mit Hilfe der entsprechenden Wasserstoffbrücken kann sich ein zweiter DNA-Strang – sofern er die richtige Reihenfolge von Basen besitzt – an den ersten anlagern und einen stabilen, doppelstrangigen Komplex bilden, wobei die Basen wassergeschützt und geborgen im Inneren liegen.

Die Reihenfolge der Basen in einem Nucleinsäurestrang – die Basensequenz – eignet sich hervorragend zum Speichern von Informationen. Wir können eine direkte Parallele zum heutigen Computerzeitalter ziehen: Die Reihenfolge der Basen in einem Nucleinsäurestrang entspricht der Abfolge von Ziffern auf einem Computerlochstreifen oder einer Diskette. Die Ziffern auf Computerdatenträgern können ein computerisiertes Bild speichern, die Gebrauchsanleitung für ein Videospiel oder den Text dieses Buches; die Basen in der DNA speichern die Information, die für die Bildung neuer Proteine benötigt wird.

Nucleinsäure eignet sich auch deshalb besonders gut zur Informationsspeicherung, weil es auf molekularer Ebene möglich ist, die Information direkt auf einen zweiten Strang hinüberzukopieren. Der komplementäre Charakter der Basen ermöglicht den Aufbau eines neuen Stranges, wobei ein bereits vorhandener Strang als Matrize verwendet wird. Die einzelnen Nucleotide lagern sich entlang dem bereits vorhandenen Strang an (A ausschließlich neben T, G ausschließlich neben C, etc.) und verbinden sich mit ihm. In dem neu gebildeten Strang ergibt sich dann eine ganz spezifische Anordnung der Basen: T ist an der Stelle zu finden, wo im Originalstrang A war, etc. Der neue »Tochter«-Strang enthält die gleiche Information wie der »Eltern«-Strang, aber in komplementärer Form, so wie ein Gipsabdruck komplementär zum Original ist. Die zweite Runde dieses Verdopplungsprozesses, der sogenannten Replikation, bei der nun der Tochterstrang als Matrize dient, erzeugt schließlich eine Basensequenz, die dem Original genau entspricht.

Die Verdopplung von Nucleinsäure ohne äußere Einwirkung ist auch im Laborversuch erfolgreich durchgeführt worden. Besonders aktivierte Nucleotide, ähnlich denen, die es am Anfang der Entwicklungsgeschichte im Meer gegeben haben soll, lagern sich brav an einen Nucleinsäure-Einzelstrang an und verbinden sich nacheinander in der erwarteten komplementären Abfolge mit ihm. Man geht davon aus, daß genau diese sich selbst verdoppelnden Nucleinsäuremoleküle die ersten »lebenden« Moleküle gewesen sind. Die Fähigkeit, Information zu verdoppeln, erlaubte es den Ur-Nucleinsäuren ebenso wie allen modernen Lebensformen, ihre Bibliotheken voller Informationen zu verdoppeln und sie an ihre Nachkommen weiterzugeben.

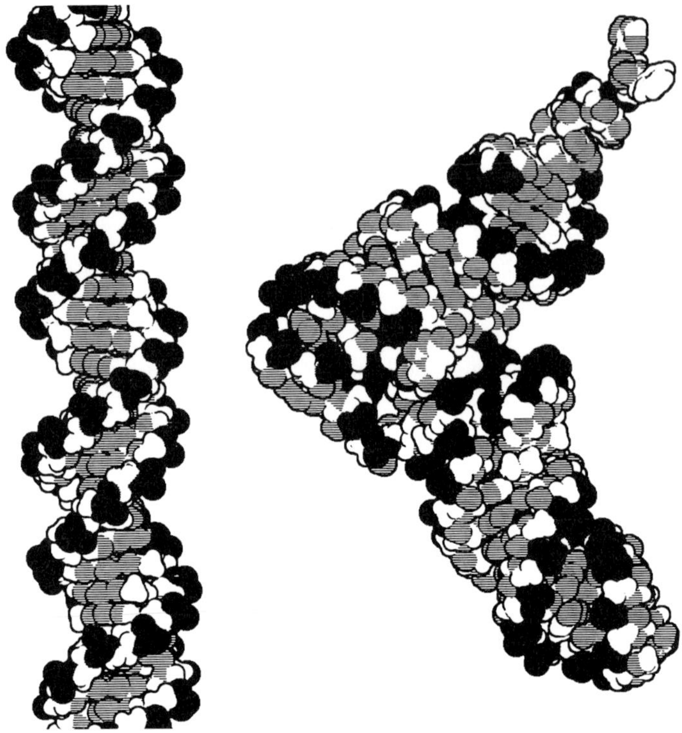

Abb. 7. DNA und RNA. Die DNA-Doppelhelix (links) besteht aus zwei Nucleinsäuresträngen; das Transfer-RNA-Molekül (rechts) besteht aus einem einzelnen, in sich verknäulten Strang. (10.000.000fach vergrößert)

Nucleinsäure kommt in modernen Zellen in zwei Formen vor: als DNA und als RNA (Ribonucleinsäure) (Abb. 7). Die RNA unterscheidet sich von der DNA insofern, als sie an jedem Zucker ein zusätzliches Sauerstoffatom trägt und an jeder Thyminbase ein Kohlenstoffatom fehlt. DNA und RNA erfüllen in modernen Zellen unterschiedliche Funktionen. Die größere Stabilität der DNA (aufgrund des fehlenden Sauerstoffatoms an jedem Zucker) macht sie zu einem idealen Zentralspeicher für Informationen. Die genetische Information ist bei allen Organismen in Paaren von DNA-Strängen – der berühmten DNA-Doppelhelix – gespeichert. Die weniger stabile RNA wird eher für zeitlich begrenzte Funktionen eingesetzt: als Bote (»Messenger«), als Übersetzer und als Synthese-Maschine.

Nucleinsäuren sind jedoch in ihrer Struktur zu begrenzt, um die Tausende von Aufgaben im täglichen Leben der Zelle erfüllen zu können. Der chemische Aufbau der vier Basen ist zu ähnlich, als daß sich aus ihnen die vielfältigen Maschinen konstruieren ließen, die zur Durchführung der Tausende von notwendigen chemischen Reaktionen gebraucht werden. Dazu dienen die Proteine.

Proteine

Wie die Nucleinsäuren sind auch Proteine lange, ungegabelte Molekülketten (Abb. 8). Statt aus vier ähnlich strukturierten chemischen Bausteinen setzen sich Proteine jedoch aus zwanzig verschiedenen Bausteinen zusammen: den Aminosäuren. Manche Aminosäuren sind elektrisch geladen und hydrophil. Andere enthalten viel Kohlenstoff und sind stark hydrophob. Manche sind groß und unförmig, andere dagegen klein. Einige sind starr, andere beweglich. Manche sind reaktionsfreudig, andere verhalten sich chemisch neutral. Die Zelle hat ein umfangreiches Alphabet aus Aminosäuren, aus denen sie ein noch reichhaltigeres Sortiment von Proteinen aufbaut.

Die Anordnung der Hunderttausende von Aminosäuren in einer Proteinkette bestimmt das spezifische Aussehen des Proteins und die Funktion, die es wahrnimmt (Abb. 9a). Kommt eine Proteinkette mit Wasser in Berührung, so knäult und faltet sie sich auf, um die optimale Form zu finden, in der das Protein seine hydrophoben Gruppen innen geschützt halten und die hydrophilen Gruppen nach außen richten kann. Die endgültige Form ist durch die Anordnung der Aminosäuren in der Kette fest vorgegeben; Proteine sind Maschinen, die sich selbsttätig montieren. Sie sind meist mehr oder weniger kugelförmig, doch bestimmte Abschnitte können sich auch so auffalten, daß lange Stäbe, nußknackerförmige Gebilde, Röhren und viele andere funktionelle Formen entstehen.

Die dreidimensionale Form, die ein Protein im wäßrigen Milieu annimmt, spielt eine entscheidende Rolle für seine Funktion. Ein Enzym ist zum Beispiel ein Protein, das sich so auffaltet, daß sich an einer Seite eine Höhlung bildet, die mit reaktionsfreudigen Aminosäuren besetzt ist (Abb. 9b). Diese Mulde hat genau die richtige Größe, um ein bestimmtes kleines Molekül, z.B. einen Zucker, zu binden, und es so zu positionieren, daß die reaktiven Aminosäuren es chemisch verändern können,

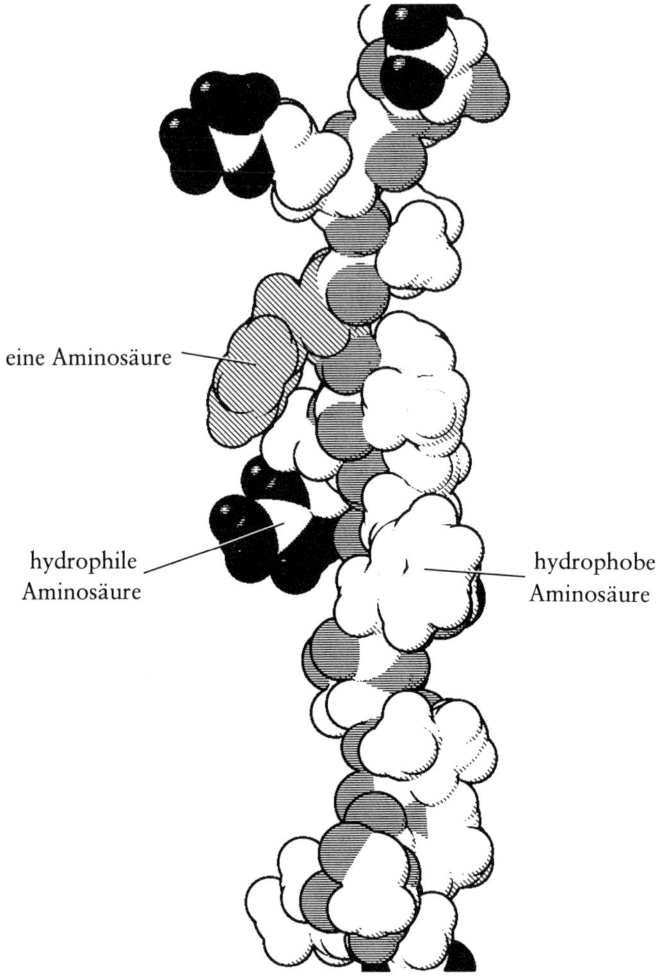

Abb. 8. Struktur eines Proteins. Proteinstränge sind sehr verschiedenartig: An diesem kurzen Abschnitt eines bakteriellen Proteins kann man lange, kurze, elektrisch geladene und ungeladene Aminosäuren erkennen. Die Atome einer einzelnen Aminosäure sind schraffiert dargestellt. (30.000.000fach vergrößert)

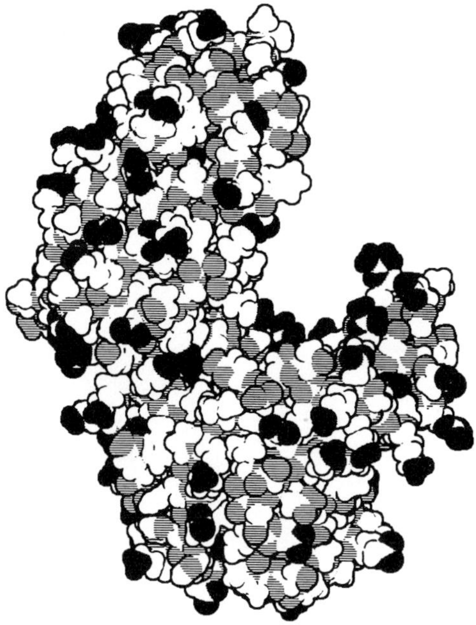

Abb. 9. a Phosphoglycerat-Kinase. Das Enzym Phosphoglycerat-Kinase besteht aus einer Proteinkette mit 415 Aminosäuren. Die Kette faltet sich zu dieser charakteristischen Form auf, mit zwei langen lappenförmigen Ausbuchtungen, die durch ein bewegliches Gelenk verbunden sind. Das aktive Zentrum – der Ort, an dem die chemische Reaktion stattfindet – liegt zwischen den beiden Hälften. (10.000.000fach vergrößert)

etwa indem sie ihm ein Sauerstoffatom entziehen. Dadurch, daß das gewünschte Molekül genau an die entsprechenden reaktiven Gruppen gesetzt wird, können Enzyme spezifische chemische Reaktionen ausführen und steuern.

Eine andere Funktion haben die Strukturproteine. Sie falten sich so auf, daß auf einer Seite ein bestimmter Abschnitt (»Patch«) liegt, der sich mit einem bestimmten Bereich auf der gegenüberliegenden Seite eines Nachbarmoleküls verbindet. Das hat für ein einzelnes Protein zwar keinen großen Nutzen, wenn sich aber viele von ihnen nebeneinander befinden, ordnen sie sich zu einem Stapel an, und zwar so, daß jeweils die Enden zueinander zeigen; auf diese Weise bilden sie die starken Träger, die die Zellen stabilisieren und ihnen Bewegung ermöglichen.

Proteine dienen auch als Transportmittel, indem sie sich so auffalten, daß eine Tasche entsteht, in die ein Sauerstoff-

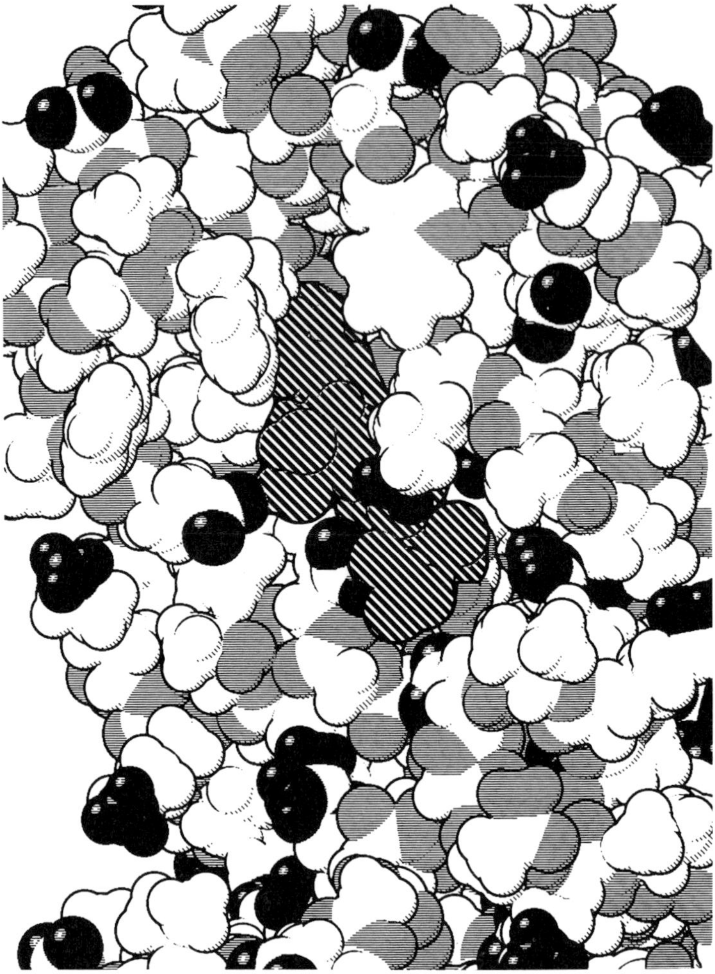

Abb. 9. b Aktives Zentrum eines Enzyms. Diese Detailzeichnung zeigt das aktive Zentrum der Phosphoglycerat-Kinase, an das ein ATP-Molekül gebunden hat (schraffiert dargestellt). (Ansicht von rechts auf die obere Ausbuchtung des Moleküls, das auf der vorhergehenden Abbildung im Ganzen zu sehen war.) Man erkennt, wie sich Aminosäuren des Enzyms um das ATP-Molekül herumschlingen und es an einem bestimmten Platz festhalten. (30.000.000fach vergrößert)

oder Calciumatom hineinpaßt, das an der gewünschten Stelle wieder sanft abgesetzt wird. Andere Proteine wirken wie ein Motor; sie drehen riesige molekulare Propeller, die Bakterienzellen vorantreiben. Viele Hormone bestehen aus Protein – Botschaften, die an einer bestimmten Stelle im Körper abgeschickt und an einer anderen Stelle wie Braille-Schrift gelesen werden.

Aufgrund ihrer Vielseitigkeit kommen Proteine bei den meisten alltäglichen Aufgaben in der Zelle zum Einsatz. Eine durchschnittliche Bakterienzelle bildet über tausend verschiedene Typen von Protein mit jeweils unterschiedlicher Funktion. Unsere eigenen Zellen bilden etwa sechzigtausend verschiedene Typen. Nur die ganz speziellen Funktionen, die optimal auf die besonderen Eigenschaften von Nucleinsäuren, Lipiden und Polysacchariden abgestimmt sind, werden nicht von Proteinen wahrgenommen. Sie sind richtige Alleskönner, die in verschiedenster Form zu unzähligen Arbeiten herangezogen werden.

Lipide

Der besondere Nutzen von Lipiden für die Zelle beruht auf ihrer ungewöhnlichen Wechselwirkung mit Wasser. Lipide, besser bekannt als Fette und Öle, bestehen aus einem kleinen hydrophilen »Kopf«, an den sich zwei oder drei lange hydrophobe »Schwänze« anschließen (Abb. 10). Kommen Lipidmoleküle mit Wasser in Berührung, lagern sie sich spontan aneinander, um ihre Schwänze abzuschirmen. Gibt man Schmierfett – ein typisches Lipid – in Wasser, so bildet es kleine Tröpfchen, wobei alle Schwänze nach innen gerichtet sind und alle elektrisch geladenen Kopfgruppen ins umgebende Wasser ragen. Lipide ordnen sich in Zellen zu einer Lipid-Doppelschicht an, einer lückenlosen, flächigen Struktur, die sich aus zwei Schichten zusammensetzt (Abb. 11). Die Schwänze der Lipidmoleküle sind parallel zueinander nach innen gerichtet, die Köpfe zeigen an beiden Oberflächen nach außen und ragen seelenruhig in das umgebende Wasser. Lipid-Doppelschichten werden von allen Zellen als Primärwand zwischen dem Zellinnern und der Umgebung verwendet; auf diese Weise schirmt die Zelle ihre großen Moleküle, wie Proteine und Nucleinsäuren, vor der Außenwelt ab.

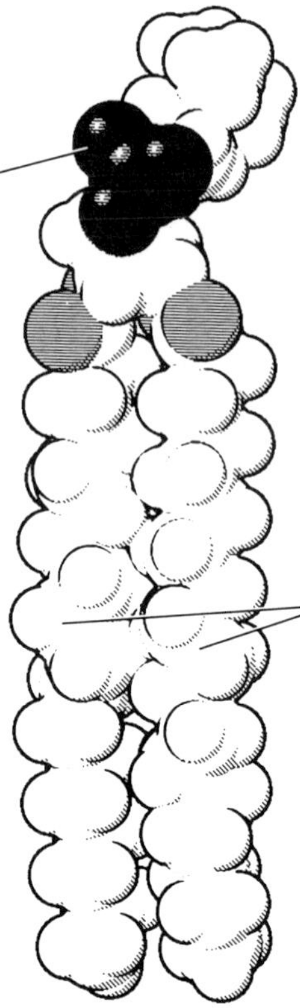

Abb. 10. Struktur eines Lipids. Lipide sind im Vergleich zu Proteinen und Nucleinsäuren klein und wesentlich stärker hydrophob. (30.000.000fach vergrößert)

Lipid-Doppelschichten sind dynamisch und haben eine flüssige Konsistenz, weil sie aus so vielen Einzelmolekülen zusammengesetzt sind. Jedes Molekül rotiert um seine Längsachse, und seine hydrophoben Schwänze wehen und schlagen ständig hin und her. Lipidmoleküle gleiten auch aneinander vorbei; sie bleiben zwar immer innerhalb ihrer eigenen Schicht, wandern dabei aber ziellos in zwei Dimensionen hin und her.

Reine Lipid-Doppelschichten finden sich in modernen Zellen nur selten. In die meisten Membranen sind Proteine eingebaut, die entweder nur aus einer Seite der Membran herausragen oder durch die gesamte Schicht hindurchreichen. (Die meisten Abbildungen in Teil II zeigen proteinbesetzte Lipid-Doppelschichten; in Abb. 27 treten die Proteine besonders kon-

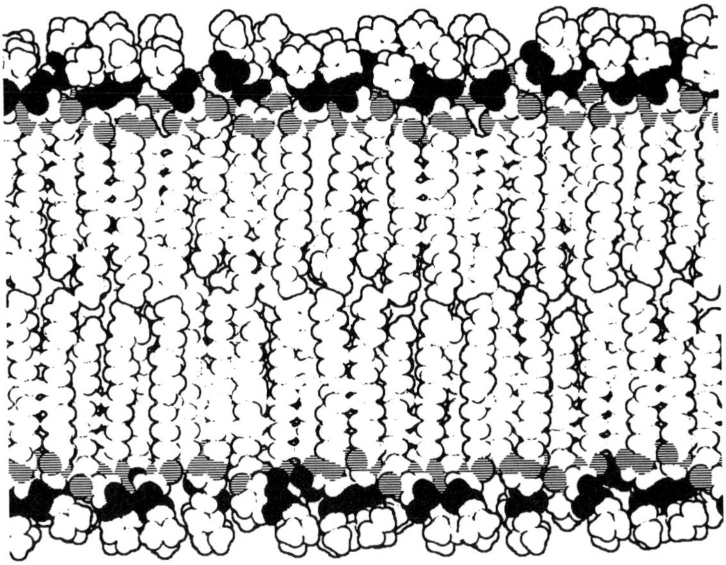

Abb. 11. Lipid-Doppelschicht. Viele einzelne Lipidmoleküle lagern sich nebeneinander an und bilden eine dynamische Lipid-Doppelschicht (hier im Querschnitt zu sehen). (10.000.000fach vergrößert)

zentriert auf.) Über diese Proteine kommuniziert die Zelle mit ihrer Umgebung; ansonsten sind Lipid-Doppelschichten wasserdichte Barrieren. Wie die einzelnen Lipidmoleküle können sich auch die darin eingebetteten Proteine in der flüssigen Lipid-Doppelschicht frei bewegen, wie Eisberge im Polarmeer.

Polysaccharide

Zuckermoleküle bilden, wenn sie nicht gerade aufgespalten werden, um Energie zu liefern oder um in Nucleinsäuren eingebaut zu werden, lange, verzweigte Ketten, die sogenannten Polysaccharide (Abb. 12). Anders als die Aminosäuren in Proteinen und die Nucleotide in Nucleinsäuren, treten die Zuckermoleküle in Polysaccharidketten nicht in einer bestimmten Reihenfolge auf. Ihre Sequenz ist nicht unmittelbar in der DNA kodiert, und Polysaccharide können die Information über die Abfolge ihrer Zuckermoleküle auch nicht an andere Polysaccharide weitergeben. Statt dessen fügen einige Enzyme immer wieder Zuckermoleküle ans Ende einer wachsenden Kette an.

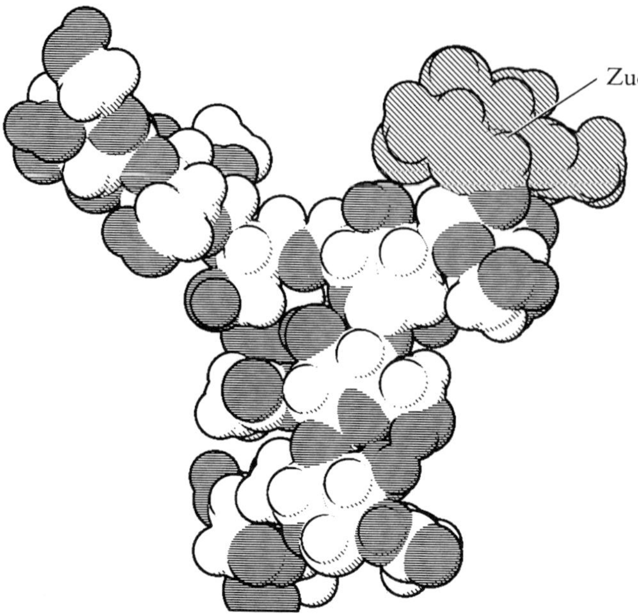

Abb. 12. Struktur eines Polysaccharids. Polysaccharide wie dieses sind an der Oberfläche von tierischen Zellen mit vielen Proteinen verbunden. Man erkennt, daß es keine stark hydrophilen Gruppen gibt, wodurch das Molekül insgesamt relativ neutral ist. Ein Zuckerbaustein ist schraffiert hervorgehoben. (30.000.000fach vergrößert)

Ein bestimmtes Enzym knüpft jeweils einen bestimmten Zuckertyp an. Abgesehen von ein paar spezialisierten kurzen Ketten sind kaum jemals zwei der fertigen Polysaccharide völlig gleich. Diese Vielfalt wirkt sich in dem begrenzten Einsatzbereich der Polysaccharide jedoch nicht negativ aus.

Polysaccharide dienen als zentrale Energiespeicher. In guten Zeiten fügen Enzyme überschüssige Zuckermoleküle an große Polysaccharid-Verbände an. In schlechteren Zeiten spalten andere Enzyme nach Bedarf Zuckermoleküle ab. Polysaccharide sind mehr oder weniger neutral und kaum reaktionsfreudig; daher eignen sie sich besser zur Speicherung von Energie als große Mengen freier Zuckermoleküle. Bei Pflanzen ist der Einfachzucker Glucose in Form von Stärke gespeichert; die gleiche Stärke, die wir verwenden, um Soßen anzudicken und Kragen zu steifen. In menschlichen Zellen geht Glucose etwas andere Verbindungen ein und bildet Glycogen, eine ölige Substanz.

Polysaccharide werden auch als Strukturelemente benutzt. Das Gebäude, in dem Sie sich befinden, besteht wahrscheinlich hauptsächlich aus Polysacchariden: Lange Zuckerketten bilden die Cellulosefasern im Holz. Leider unterscheiden sich diese Zuckerverbindungen von den Stärkezuckern, so daß wir diese Moleküle nicht verdauen und uns daher auch nicht von Holz oder Papier ernähren können. Insektenpanzer bestehen ebenfalls aus einem Polysaccharid, dem sogenannten Chitin. Tierische Zellen sind mit einem Film aus kurzen Polysacchariden beschichtet, die an einem Ende mit den Proteinen in der Zellmembran verbunden sind. Sie bilden eine klebrige Schicht um die Zelle herum, die als schützende Barriere fungiert. Ein Beispiel dafür, wie man sich eine solche Polysaccharid-Barriere vorzustellen hat: Schleim verdankt seine besonderen Eigenschaften den Polysaccharidketten, die mit Proteinkomponenten verbunden sind.

3 Die Lebensprozesse

Stellen Sie sich vor, Sie machen einen geruhsamen Spaziergang durch einen baumbestandenen Park. Eichen und Ahornbäume werfen in der Mittagssonne tanzende Schatten. Neben Ihnen murmelt ein Bach. Zwischen bunten Blumen fliegen Schmetterlinge und Bienen umher. Ein paar heruntergefallene Blätter auf dem Weg vor Ihnen rascheln im Wind.

Welche von den Dingen, die Sie hier sehen, sind lebendig? Diese scheinbar so triviale Frage läßt sich nicht einfach mit einer formalen Definition beantworten. Für jede neu erstellte Regel lassen sich Ausnahmen finden. Sie könnten zum Beispiel sagen, daß Lebewesen in der Lage sind, sich zu bewegen. Aber der Bach und die Sonne bewegen sich auch, während die Bäume und Blumen an einem festen Standort bleiben. Sie könnten sagen, daß Lebewesen wachsen. Aber auch der Bach wächst und versiegt im Laufe des Jahres, und Kristalle können erstaunlich lebensechte Wachstumsformen zeigen. Auf der Suche nach einer strengeren Definition könnten Sie sagen, daß Lebewesen aus einer bestimmten Menge Kohlenstoff, Sauerstoff, Wasserstoff und Stickstoff bestehen, neben einigen Spurenelementen. Aber der Anwalt des Teufels verweist auf die abgestorbenen Blätter zu Ihren Füßen: Ihre chemische Zusammensetzung ist der von lebenden Blättern sehr ähnlich, und doch taugen sie nur noch für den Komposthaufen.

Es gibt auf diese Frage wohl ungefähr so viele Antworten, wie es Biologen und Philosophen gibt, die sich dafür interessieren, eine Antwort zu finden. Für dieses Buch mag eine beschreibende Definition genügen, die mit den neuesten Erkenntnissen der biochemischen Forschung in Einklang steht: Lebende Organismen sind Verbände von Molekülen, die gemeinsam drei außergewöhnliche Funktionen wahrnehmen. Erstens bauen Organismen all ihre Bestandteile aus den Stoffen auf, die ihnen in ihrer Umwelt zur Verfügung stehen, sie ersetzen abgenutzte Teile und vermehren sich. Zweitens isolieren sich Organismen von ihrer Umgebung, überstehen schlechte Zeiten oder wandern in bessere Nahrungsgründe ab. Drittens nutzen Organismen die in ihrer Umgebung vorhandenen Energiequellen, um die anderen beiden Prozesse anzutreiben.

Bereits in einem sehr frühen Stadium der Evolution wurden Lösungen für diese drei Problemkomplexe gefunden. Es entstanden molekulare Maschinen – Maschinen, die aus Protein, Nucleinsäure, Lipid und Zucker bestanden; sie wurden immer weiterentwickelt, bis sie die vielen einzelnen Aufgaben in einem Organismus erfüllen konnten. In diesem Kapitel werden wir sehen, wie die vielen verschiedenen molekularen Maschinen in den drei genannten Funktionsbereichen zusammenarbeiten.

Die Nutzung vorhandener Energie

Das Leben in unserer modernen Welt ist von der ständigen Verfügbarkeit von Sauerstoff geprägt. Der Sauerstoff in der Luft ist sehr reaktionsfreudig und verbindet sich bereitwillig mit kohlenstoffreichen Molekülen, wobei Energie frei wird. Ein bekanntes Beispiel ist das Verbrennen von Erdgas: Methan verbindet sich mit Sauerstoff, wobei genug Energie frei wird, um damit Essen zu kochen und Häuser zu beheizen. Viele Bakterienzellen und alle höheren Zellen benutzen diesen Sauerstoffvorrat zur Erzeugung der Energie, die sie in all ihren Lebensbereichen benötigen. Zellen verbrauchen Zucker und Fette, die reich an Kohlenstoff und arm an Sauerstoff sind. Sie spalten sie auf, verbinden die Bruchstücke mit Sauerstoff und nutzen die freiwerdende Energie.

Zellen können nicht einfach Nährstoffe verbrennen wie ein Ofen: Die gesamte Wärme würde gleichzeitig abgegeben und könnte nicht eingefangen und nutzbar gemacht werden. Die Zellen wenden eine weniger direkte Methode an. Die Nährstoffe werden in vielen kleinen Schritten aufgespalten, wobei jeweils einzelne Sauerstoffatome angefügt werden. Weil bei jedem Schritt nur eine geringe Veränderung erfolgt, und weil jeder durch ein spezifisches Enzym vollzogen wird, sind Geschwindigkeit und Ausmaß der einzelnen chemischen Reaktio-

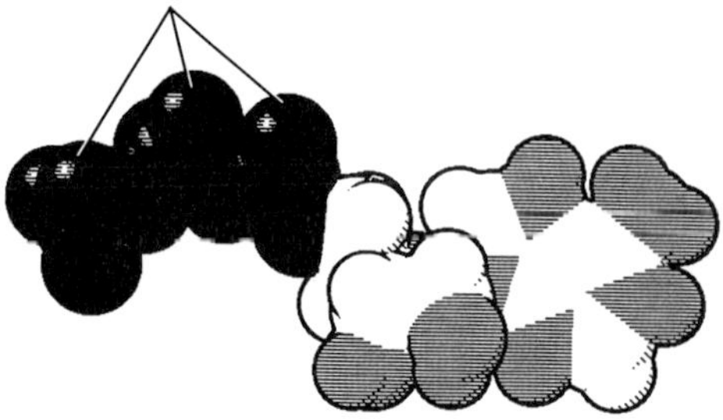

Abb. 13. ATP. Die drei elektrisch geladenen Phosphatgruppen des ATP (Adenosin-triphosphat) liegen instabil nebeneinander. (30.000.000fach vergrößert)

nen genau kontrollierbar. Außerdem ist der Aufspaltungsprozeß so angelegt, daß er einige energetisch sehr günstige Schritte einschließt, bei denen ATP (Adenosin-triphosphat) entsteht – das Molekül, das zum Transport chemischer Energie in der Zelle dient.

Der Nutzen des ATP liegt in zwei instabilen Bindungen. ATP ist identisch mit dem in der RNA vorkommenden Adenin(A)-Nucleotid, außer daß es statt einer mit dem Zucker verbundenen Phosphatgruppe deren drei besitzt (Abb. 13). Jedes Phosphat trägt eine negative elektrische Ladung, so daß eine Reihe aus drei dicht nebeneinanderliegenden Phosphaten höchst instabil ist. Vom Energieaufwand her ist es schwierig, die drei Phosphate miteinander zu verbinden, und umgekehrt ist es einfach und energetisch günstig, eine der Phosphat-Phosphat-Bindungen – oder beide – aufzubrechen.

Die beiden instabilen Bindungen des ATP machen es möglich, chemische Energie von einem in der Zelle ablaufenden Prozeß auf einen anderen zu übertragen. Energetisch sehr günstige Prozesse, wie die Aufspaltung von Zucker, werden dazu genutzt, instabile ATP-Bindungen zu schaffen. Einige Schlüsselenzyme führen dabei gleichzeitig zwei Reaktionen durch: Eine energetisch sehr günstige Reaktion, wie die Verbindung von Sauerstoff mit Kohlenstoff, wird mit einer energetisch ungünstigen Reaktion gekoppelt – der Schaffung einer Phosphatbindung bei ATP. Unterm Strich weist die Gesamtreaktion, die das Enzym herbeigeführt hat, eine leicht positive Energiebilanz auf. Diese gekoppelte Reaktion findet in der Zelle statt; wenn auch nicht mit der gleichen Geschwindigkeit, mit der sie ohne die Bildung von ATP ablaufen würde. Die Zelle erzeugt also instabile ATP-Bindungen, während sie gleichzeitig Zucker abbaut.

Das ATP dient dann dazu, Reaktionen anzutreiben, die normalerweise für die Zelle undurchführbar wären. Enzyme, die für energetisch ungünstige Reaktionen wie etwa die Proteinsynthese verantwortlich sind, koppeln diese Reaktionen mit dem energetisch günstigen Aufbrechen einer ATP-Bindung. Wiederum werden beide Reaktionen in Kombination durchgeführt – das Enzym stellt eine neue Verbindung her und bricht gleichzeitig eine ATP-Bindung auf; letztendlich ist die Energiebilanz leicht positiv.

Betrachtet man die Zelle als Ganzes, so stellen diese Prozesse einen ATP-Kreislauf dar. Während der Aufspaltung von Nährstoffen werden beim ATP Phosphatbindungen aufgebaut. Die Energie, die in diese Verbindungen investiert wurde, dient dann zum Antrieb von energetisch ungünstigeren Prozessen, etwa zur Synthese großer Moleküle oder zur Bewegung. In einer aktiven Zelle durchläuft jedes ATP-Molekül alle paar Sekunden diesen Zyklus; es wird immer wieder aufgebaut und rückgespalten. Zur Speicherung großer Energiemengen eignet sich das ATP-Molekül jedoch nicht. Es ist viel zu instabil. Starke Konzentrationen würden in kurzer Zeit zusammenbrechen. Die Speicherung der Energie erfolgt in neutralen Polysaccharid-Molekülen, wie in Kapitel 2 beschrieben. Das ATP dagegen dient der Zelle als Währungseinheit für chemische Energie.

Die Nahrungsstoffe, die die meisten Organismen zu sich nehmen, stellen eine vielfältige Mischung von Proteinen, Fetten, Polysacchariden und Einfachzuckern dar. Sie werden in drei großen Stufen abgebaut und in nutzbare Energie in Form von ATP umgewandelt.

Die erste Stufe ist die *Verdauung*; dabei werden große Moleküle in ihre Bestandteile aufgespalten. Durch die Verdauung werden viele verschiedene komplexe Nahrungsstoffe in eine überschaubare Menge einfacher Moleküle zerlegt. Tausende unterschiedlicher Proteine werden zu zwanzig Aminosäure-Typen abgebaut. Komplexe Polysaccharide werden in eine Handvoll verschiedener Einfachzucker aufgespalten. Fette werden in mehrere Fettsäuren und Glycerol zerlegt.

Die Verdauung findet größtenteils außerhalb der Zellen statt. Bakterien geben Enzyme in das umgebende Medium ab;

dort werden die Nahrungsstoffe aufgespalten und die Bruchstücke dann durch kleine Poren in der Oberfläche des Bakteriums aufgenommen. (Bestimmte Schimmelpilze werden kultiviert, weil die von ihnen abgegebenen Enzyme den Geschmack und die Konsistenz von Milchprodukten angenehm verändern und Käse erzeugen.) Beim Menschen erfolgt die Verdauung zwar ebenfalls außerhalb der Zellen, aber im Innern des Körpers. Die Zellen, mit denen unser Magen und unser Darm ausgekleidet sind, geben Enzyme und Säure ab und nehmen später die verdauten Nahrungsstoffe auf.

Verdauungsenzyme sind im allgemeinen klein und sehr stabil – zerstörerische kleine Automaten, die unter äußerst schwierigen Bedingungen arbeiten. Durch die Magensäure werden die meisten Proteine auseinandergefaltet und damit deaktiviert. Verdauungsenzyme jedoch sind durch eine Reihe von Brückenbindungen innerhalb des Moleküls gegen die Zerstörung ihrer Faltblattstruktur geschützt; diese Brückenbindungen halten die Kette in ihrer charakteristischen Konformation fest (siehe Farbtafel 3). Verdauungsenzyme sind an sich ein Paradox: Proteine werden im Innern der Zelle hergestellt; bei aktiven Verdauungsenzymen ist das jedoch nicht möglich, da sie sofort alles aufschneiden würden, was sie berühren. Die Zelle umgeht dieses Problem, indem sie eine Proteinkette bildet, die ein wenig zu lang ist. Diese zu lange Kette faltet sich zu einem inaktiven Enzym auf, wobei das überschüssige Stück die Bindungsstelle blockiert. Die Zelle schickt dieses harmlose Enzym nach draußen, wo andere Verdauungsenzyme die überschüssigen Aminosäuren abknipsen und damit das Enzym aktivieren.

Die bei der Verdauung entstehenden Bruchstücke dienen als Brennstoff für die zweite Stufe der Energieerzeugung. Ziel dieser zweiten Stufe ist es, die etwa hundert verschiedenen Bruchstücke zu einem einheitlichen Molekül-Typ abzubauen, einer Acetylgruppe, die mit Hilfe des Transport- oder Carriermoleküls CoA (Coenzym A) der letzten Abbaustufe zugeführt wird. Die verschiedenen Arten von Bruchstücken – Aminosäuren, Einfachzucker und Lipidstücke – werden jeweils von einer anderen Enzymserie in Acetyl-CoA umgewandelt. Verschiedene Gruppen von Enzymen vollziehen die Veränderungen in kleinen Schritten; eine spaltet eine Fettsäure in zwei Teile, eine andere fügt einem Zucker ein Sauerstoffatom hinzu, eine andere trennt ein Stickstoffatom von einer Aminosäure ab.

Eine zentrale Reaktionsfolge innerhalb der zweiten Stufe ist die *Glycolyse* (»Zuckerspaltung«), bei der der Einfachzucker Glucose in zehn Schritten in zwei Moleküle Acetyl-CoA umgewandelt wird (Abb. 14). Jeder Reaktionsschritt wird von einem bestimmten Enzym vollzogen; der siebte Schritt ist energetisch so günstig, daß er zum ATP-Aufbau benutzt wird. Die Glycolyse wird gern als Paradebeispiel für die Logik molekularer Abläufe herangezogen (und ist daher der Schrecken aller Biochemie-Studierenden): Der scheinbar von Anfang bis Ende so umständliche Prozeß ist notwendig und erweist sich letztendlich als genial. Im Laufe der Evolution hat sich ein Reaktionsverlauf aus kleinen Schritten herausgebildet – was die sorgfältige Überwachung jeder einzelnen Reaktion ermöglicht –, und es entstanden zwei energetisch günstige Reaktionen, mit deren Hilfe ATP gebildet wird.

Bei den ersten drei Schritten (Abb. 14a-c) werden zwei Phosphat-»Henkel« an die Glucose-Enden angefügt. Das Phosphat ist negativ geladen und stellt damit ein leicht erkennbares Signal für die nachfolgenden Enzyme dar: Das Glucosemolekül ist nun für die Aufspaltung gekennzeichnet. Um die Phosphate anzufügen, werden zwei ATP-Moleküle eingesetzt; ihre Spaltung liefert die Energie, um die Reaktion in Gang zu setzen. Bevor aber ein Nettogewinn an ATP entsteht, müssen diese beiden ATP-Moleküle irgendwann im Verlauf der nächsten sieben Reaktionsschritte wiederhergestellt werden.

Die beiden nächsten Schritte dienen dazu, das Molekül in zwei identische Teile zu zerlegen. Zuerst wird in der Mitte eine Bindung aufgebrochen, wodurch zwei unterschiedliche Moleküle entstehen (Abb. 14d). Dann werden auf der einen Hälfte zwei Wasserstoffatome umgebaut, wodurch diese Hälfte mit der anderen identisch wird (Abb. 14e). Das Ergebnis sind zwei völlig gleiche Hälften; die verbleibenden Schritte erfolgen zweifach, jeweils einmal für jede Hälfte.

Der sechste Schritt (Abb. 14f) ist die Schlüsselreaktion der Glycolyse. Ein Wasserstoffatom wird abgegeben und durch ein Phosphat ersetzt. Für diese Reaktion wird ein freies Phosphat verwendet, so daß eine neue Phosphat-Kohlenstoff-Bindung entsteht, ohne daß ATP eingesetzt werden muß. Das Enzym koppelt das energetisch günstige Abscheiden von Wasserstoff mit der energetisch ungünstigen, aber sehr nützlichen Bindung eines Phosphats an das Zuckermolekül. (Der Wasserstoff wird auf NAD, ein Transportmolekül, übertragen – zur späteren Verwendung auf der dritten Stufe der Energieerzeugung.) Beim siebten Schritt (Abb. 14g) wird das Phosphat, das in Verbindung mit dem Zucker-Bruchstück genauso instabil ist wie in ATP, zur Bildung eines neuen ATP-Moleküls benutzt. An diesem Punkt zahlt sich für die Zelle ihr ursprünglicher Einsatz von ATP wieder aus: Beim ersten und dritten Reaktionsschritt wurden zwei ATP-Moleküle verbraucht; beim siebten Schritt wurden nun zwei ATP-Moleküle neu gebildet, jeweils eins auf beiden Hälften des gegabelten Reaktionsweges.

Bei den letzten drei Schritten gibt es etwas chemische Gymnastik; als Ergebnis hängen sich die Phosphat-Henkel wieder an ein ATP-Molekül. Das Phosphat wird zunächst zum mittleren Kohlenstoffatom gebracht und dadurch in Reaktionsbereitschaft versetzt (Abb. 14h). Dann wird ein Wassermolekül abgespalten, wodurch das Molekül in einer unangenehm angespannten Konformation zurückbleibt (Abb. 14i). Um diese Situation zu beenden, darf sich im letzten Schritt das Phosphat abspalten. Es darf jedoch nicht einfach abfallen; die Energie, die durch diesen Spannungsabbau gewonnen wird, ist ausreichend, um das Phosphat zur Verbindung mit einem ATP-Molekül zu zwingen (Abb. 14j).

Das Ergebnis der Glycolyse sind zwei Pyruvatmoleküle, jedes etwa halb so groß wie eine Glucose, und ein Reingewinn von zwei ATP-Molekülen. In den meisten Zellen wird das Pyruvat sofort in Acetyl-CoA umgewandelt, indem ein Kohlendioxidmolekül abgeschieden und der Rest auf das Transportmo-

---

Abb. 14a-j. Glycolyse. Auf den folgenden Seiten werden die zehn Schritte der Glycolyse, der Ablauf des Glucose-Abbaus, im einzelnen dargestellt. Für jeden Schritt wird in einem Kästchen die jeweils ablaufende einfache chemische Reaktion gezeigt (30.000.000fach vergrößert); über dem Kästchen ist das jeweilige Enzym abgebildet, das für die Reaktion zuständig ist (10.000.000fach vergrößert). Die Reaktionszentren der Enzyme sind jeweils dunkel gefärbt. (Es ist zu beachten, daß der Übersichtlichkeit halber alle Atome in den Enzymen weiß dargestellt sind, also sowohl die hydrophoben als auch die hydrophilen Atome.) Die genaue Position der einzelnen Atome ist von der Forschung bis jetzt nur für sechs der Enzyme veröffentlicht worden. Bei drei weiteren Enzymen ist die ungefähre Position der einzelnen Aminosäuren bekannt (diese Abbildungen haben einen gestrichelten Umriß), und bei einem Enzym stehen noch gar keine Daten zur Verfügung (als ungefährer Umriß dargestellt).

Abb. 14a

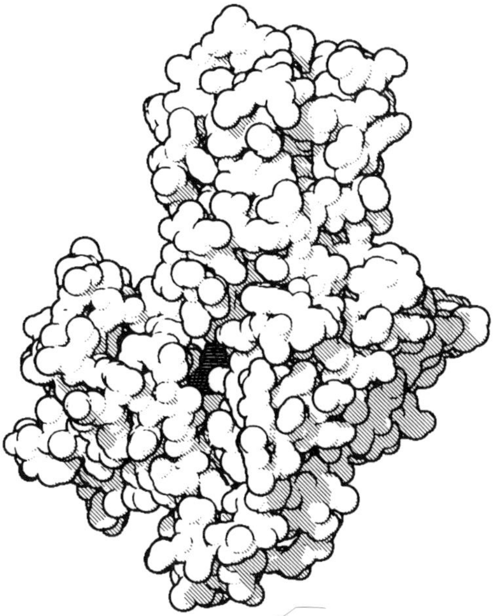

Hexokinase

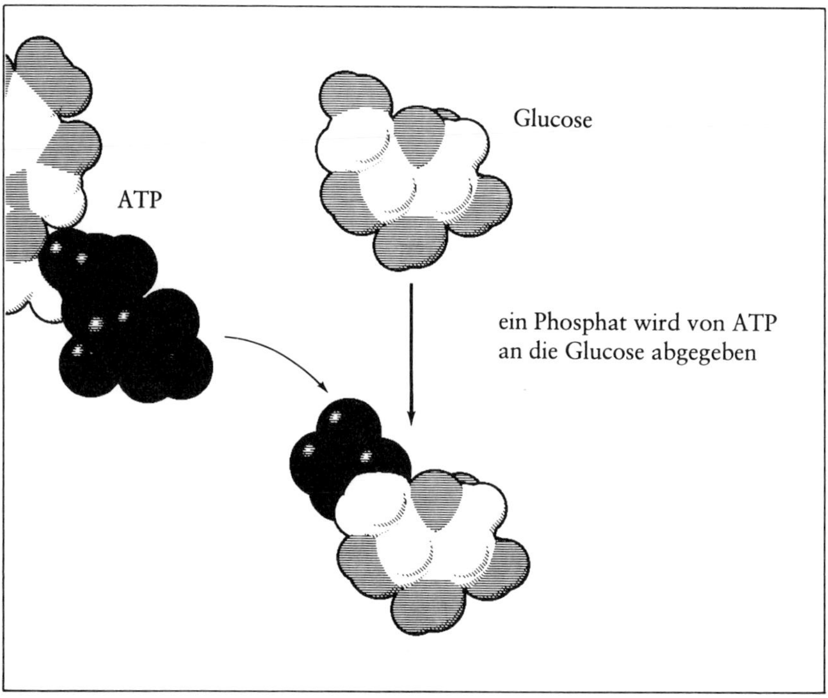

Abb. 14b

Glucosephosphat-Isomerase

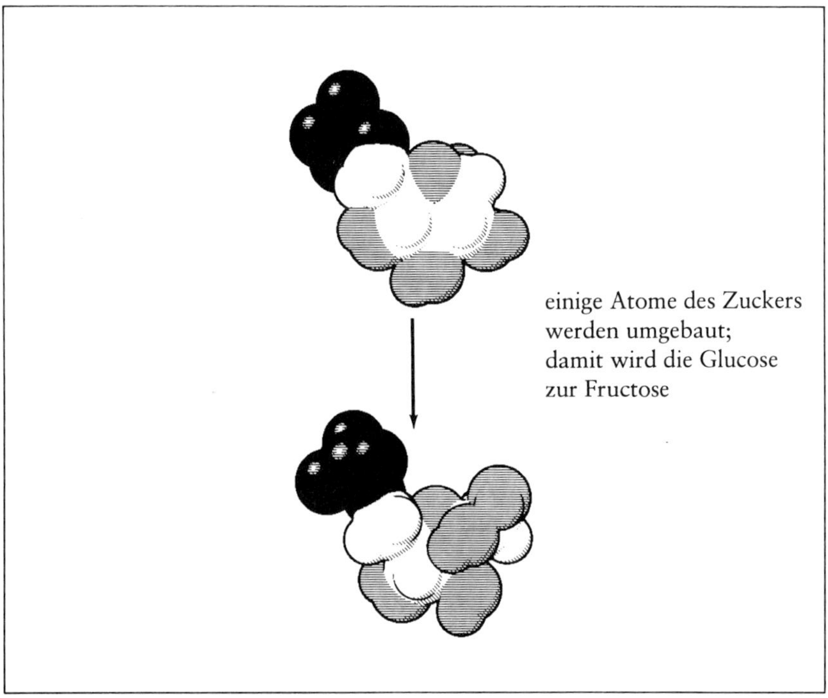

Abb. 14c

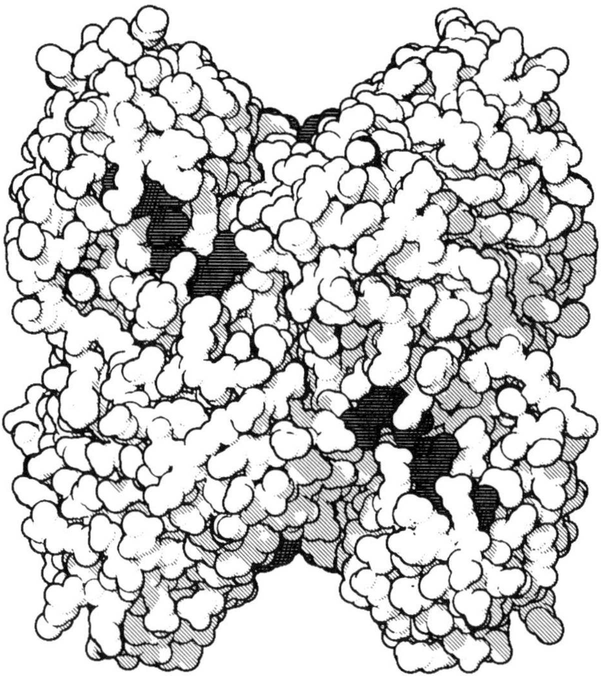

Phosphofructokinase

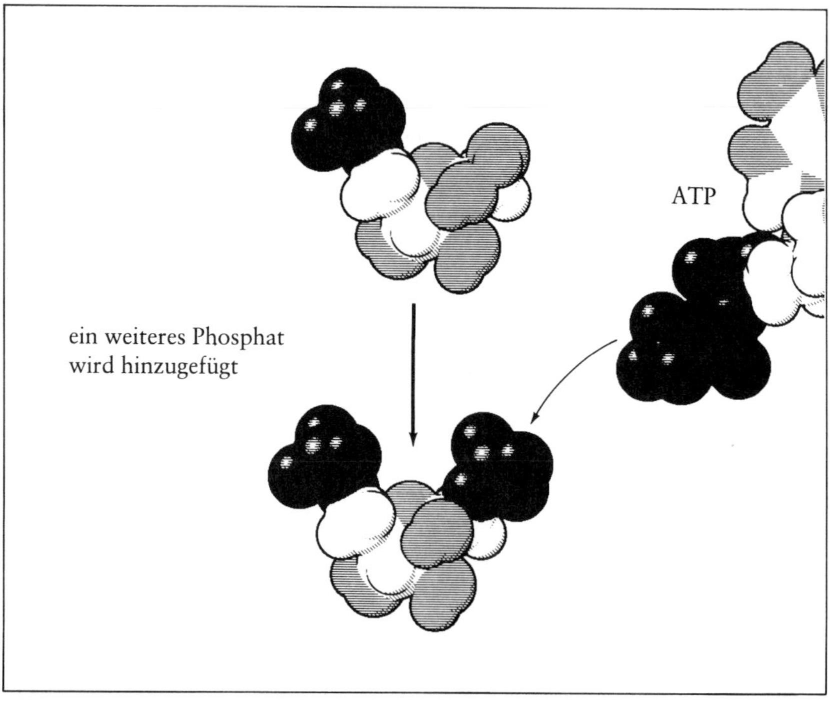

Abb. 14d

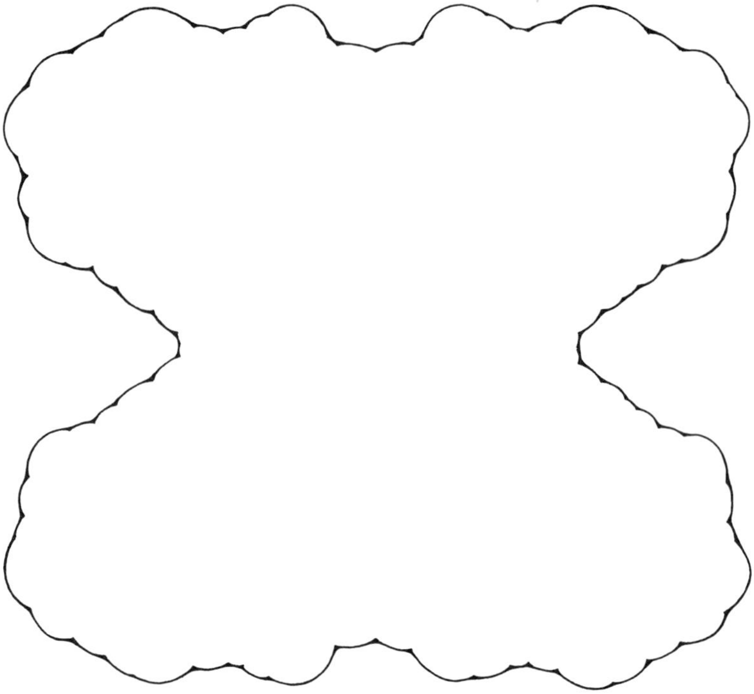

Aldolase

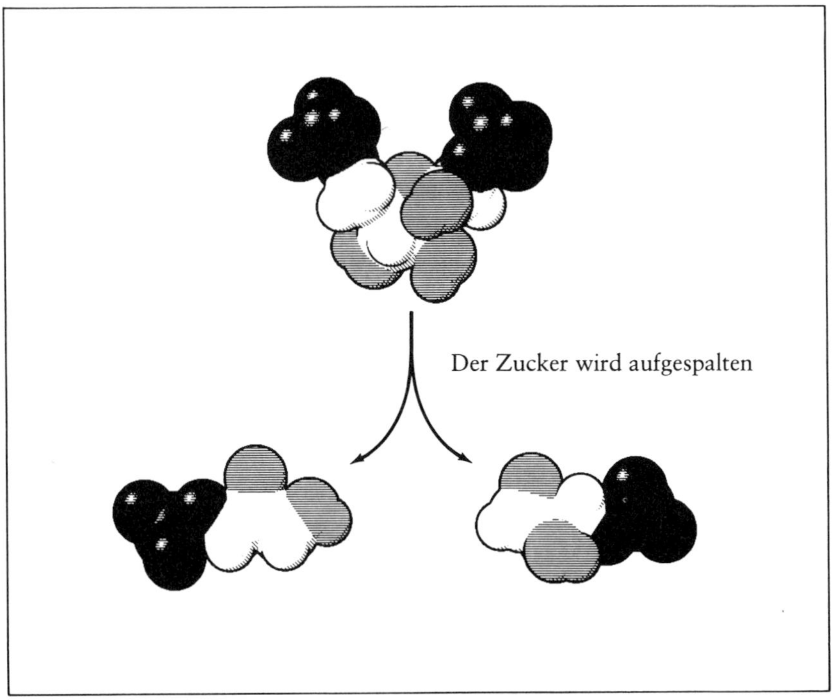

Abb. 14e

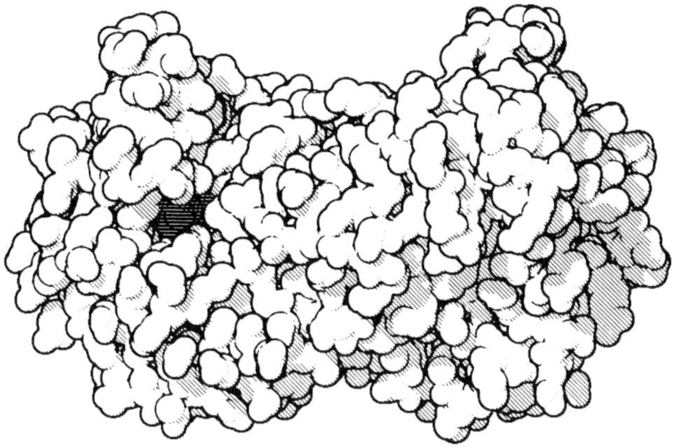

Triosephosphat-Isomerase

die beiden Hälften sind austauschbar

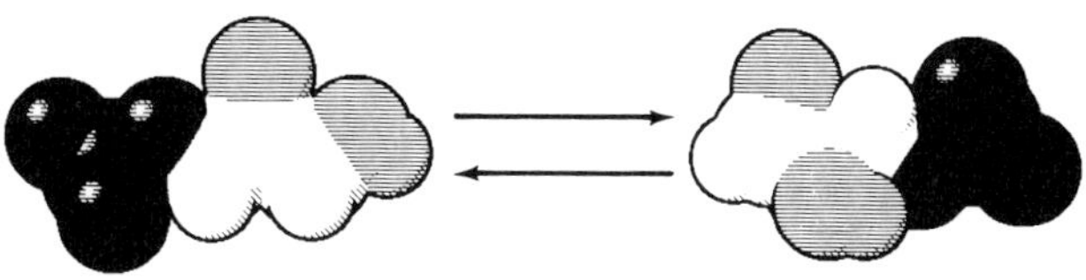

beide Hälften
bleiben in dieser Form

von hier an verdoppelt sich bei jedem Schritt die Zahl der Moleküle

Abb. 14f

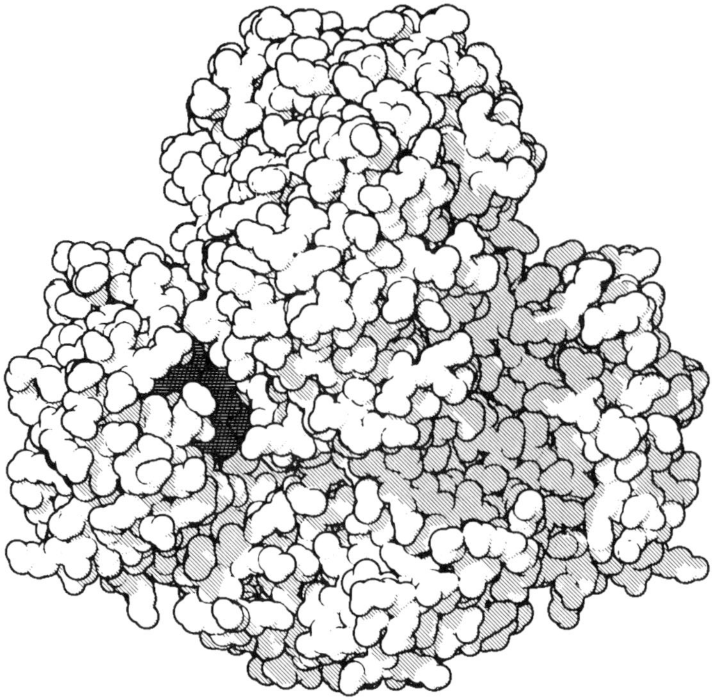

Glycerinaldehydphosphat-Dehydrogenase

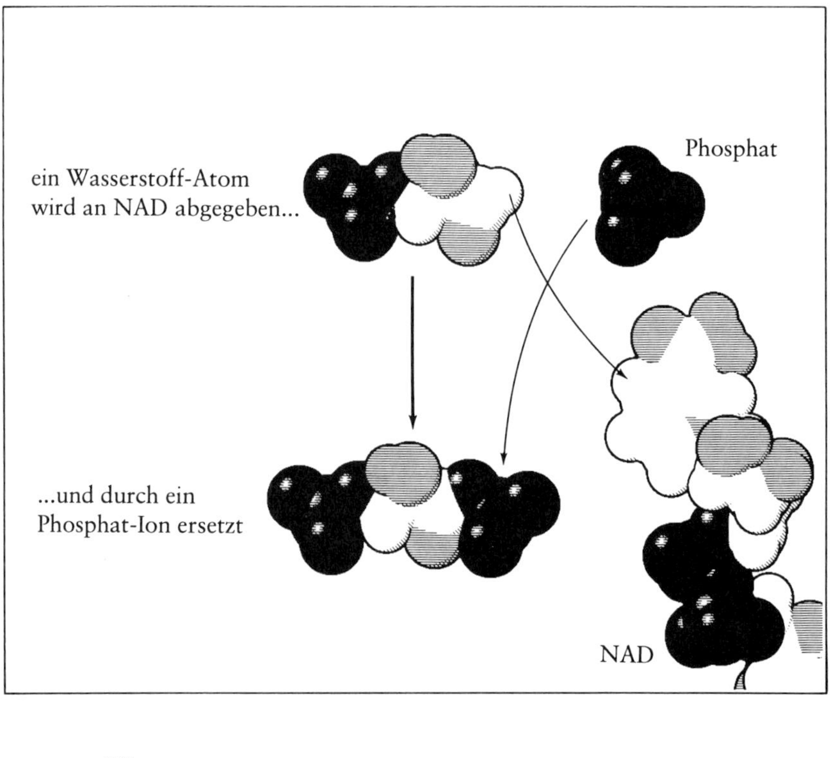

Abb. 14g

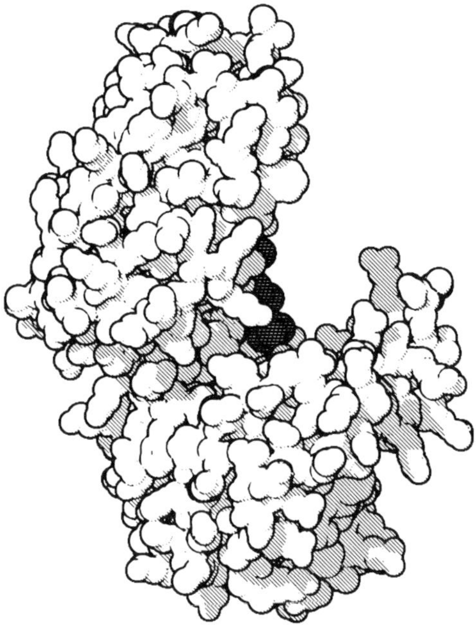

Phosphoglycerat-Kinase

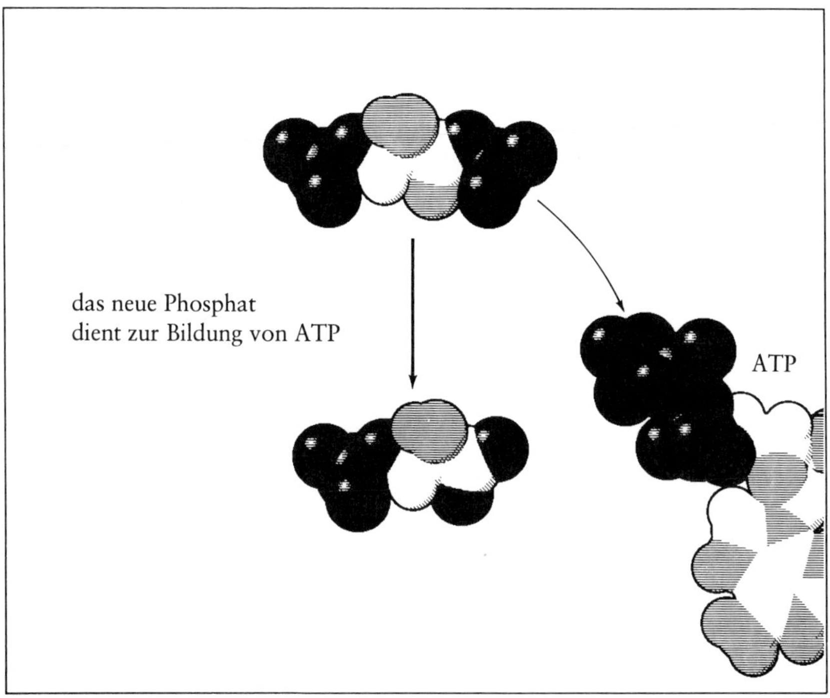

Abb. 14h

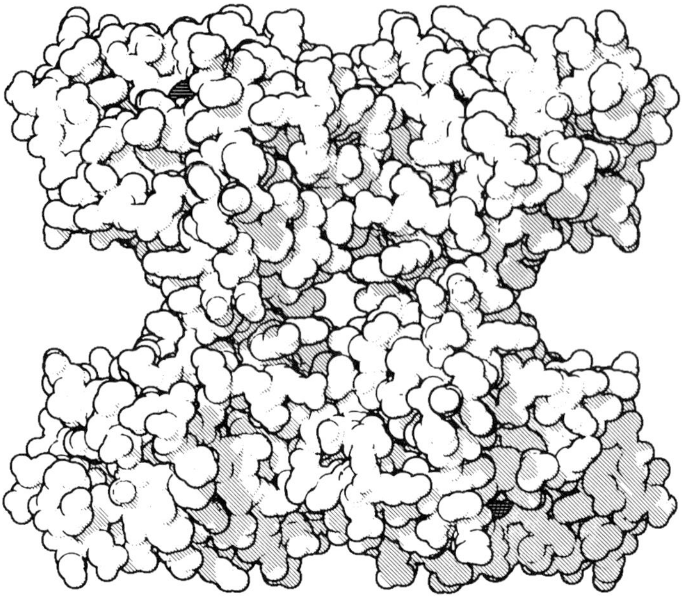

Phosphoglyceromutase

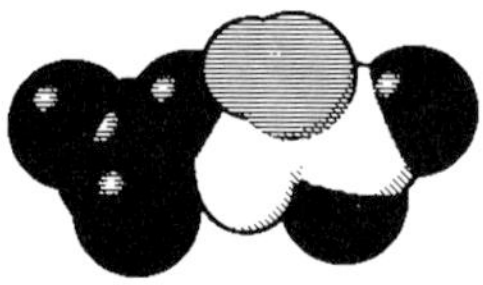

das verbleibende Phosphat
wird in eine neue Position gebracht

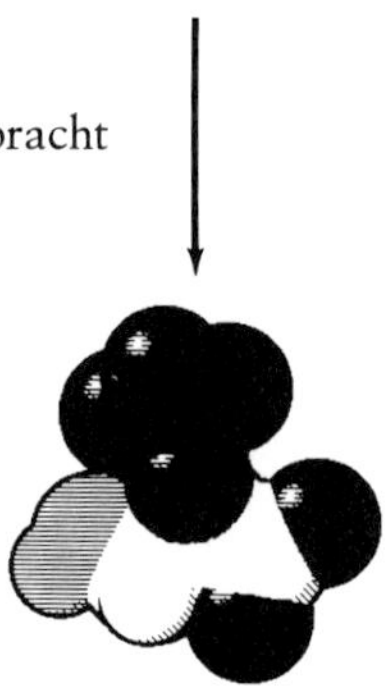

Abb. 14i

Enolase

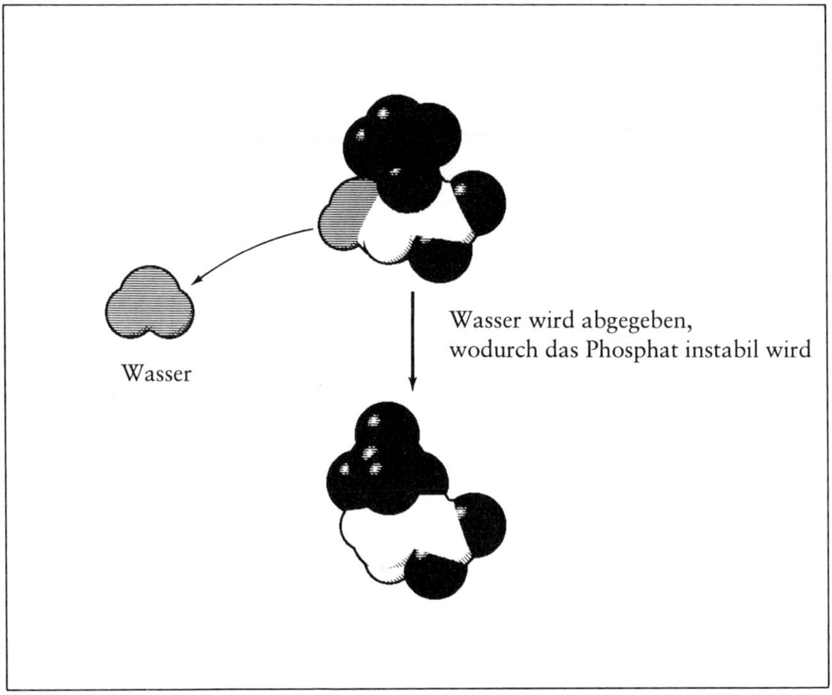

Abb. 14j

Pyruvatkinase

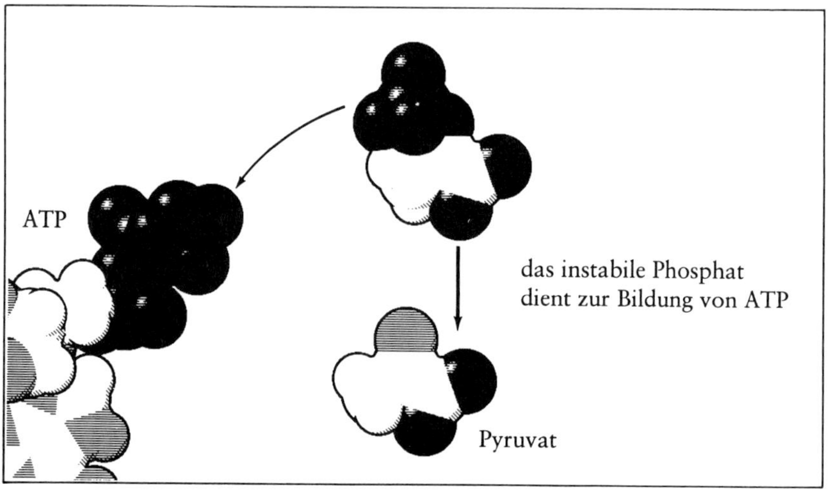

lekül übertragen wird. Der Enzymkomplex, durch den die Umwandlung erfolgt – die Pyruvat-Dehydrogenase –, ist eines der größten Enzyme, die von modernen Zellen aufgebaut werden (siehe Abb. 4 und Abb. 28).

Ist kein Sauerstoff vorhanden, kann es vorkommen, daß die beiden ATP-Moleküle aus der Glycolyse die einzige Energiequelle darstellen. Das haben die Hefepilze in gärendem Traubensaft mit unseren Muskeln bei schnellen, sog. anaerobischen, sportlichen Bewegungen gemeinsam: Beide nutzen die Glycolyse als Hauptquelle für ATP-Energie. In beiden Fällen ist nicht genügend Sauerstoff vorhanden, um zur Endstufe der Energieproduktion zu gelangen. Die Hefepilze sind in einer Flasche eingeschlossen, und unsere Muskeln arbeiten schneller, als unser Blut Sauerstoff heranschaffen kann. Bei diesem Prozeß werden große Mengen von Pyruvat und Sauerstoffatomen auf NAD-Transportmolekülen erzeugt. Um zu verhindern, daß sie sich zu einer giftigen Konzentration anreichern, werden am Ende des Reaktionsweges ein paar zusätzliche Reaktionen durchgeführt. Zwei Enzyme in der Hefe verbinden Pyruvat und Wasserstoff zu Äthanol (Alkohol) und Kohlendioxid (das Gas, das den Sekt so hübsch perlen läßt); beides wird an das umgebende Medium abgegeben. In unseren Muskeln wandelt ein Enzym Pyruvat und Wasserstoff in Milchsäure um, was uns nach Überanstrengung den bekannten Muskelkater beschert. Dies ist nur eine kurzfristige Lösung für unseren Körper; wenn wir uns wieder langsamer bewegen und wieder Sauerstoff zur Verfügung steht, wird die Milchsäure in Pyruvat zurückverwandelt, das dann ganz normal die dritte Reaktionsstufe durchläuft.

Das von den Zellen genutzte ATP wird größtenteils auf der dritten Stufe der Energieerzeugung produziert, bei der die Kohlenstoff- und Wasserstoffatome im Acetyl-CoA völlig aufgespalten werden. Diese Stufe beginnt mit dem *Zitronensäurezyklus* (nach seinem Entdecker auch Krebs-Zyklus genannt), bei dem sich die beiden Kohlenstoffatome mit Sauerstoff zu Kohlendioxid verbinden und alle Wasserstoffatome auf Transportmoleküle – NAD und das verwandte FAD – übertragen werden. Wie bei der Glycolyse erfolgen die Veränderungen in vielen kleinen Schritten und unter der Kontrolle von bestimmten Enzymen. Bei den drei energetisch günstigsten Schritten werden drei ATP-Moleküle gebildet.

Die größten ATP-Mengen werden dann bei der *oxidativen Phosphorylierung* erzeugt, wobei sich die auf NAD und FAD transportierten Wasserstoffatome mit Sauerstoff zu Wasser verbinden. Die Einzelheiten der oxidativen Phosphorylierung waren noch vor wenigen Jahrzehnten heiß umstritten. Es gab zwei entgegengesetzte Lehrmeinungen. Die Vertreter der traditionellen Richtung gingen anfangs davon aus, daß der Prozeß sehr ähnlich ablaufen müsse wie die Reaktionen der Glycolyse. Man glaubte, die chemische Reaktion, bei der sich Wasserstoff mit Sauerstoff verbindet, sei über ein Enzym mit der Bildung von ATP gekoppelt; eine Reihe von Transportmolekülen sollte dabei als Überträger fungieren. Leider wurden diese Überträger nie gefunden. Dafür traten einige überraschende Fakten zutage. Erstaunlicherweise erfordert der Prozeß eine Membran, die zwei Räume voneinander abgrenzt, ein Innen und ein Außen. Außerdem kann die Verbindung von Wasserstoff und Sauerstoff eigentlich von der ATP-Bildung getrennt betrachtet werden. Die beiden Prozesse laufen nicht gleichzeitig am selben Ort ab, wie man das von einem glycolyseähnlichen Vorgang erwartet hatte. Die Vertreter des gegnerischen Lagers erklärten sich diese verwirrenden Unstimmigkeiten mit einem radikalen Mechanismus – einem Mechanismus, der mehr an eine Batterie erinnert, als an irgendeinen anderen bekannten Vorgang in der Zelle. Dieser Mechanismus ist inzwischen weitgehend akzeptiert und wurde seitdem auch bei einigen anderen Prozessen in der Zelle beobachtet.

Die oxidative Phosphorylierung erfolgt in zwei getrennten Schritten, die durch die wichtige Rolle der Elektronen miteinander verbunden sind. Zunächst geben die Wasserstoffatome Elektronen ab; diese werden über eine Kette von Proteinen weitergereicht und auf Sauerstoffatome übertragen. Diese Sauerstoffatome mit ihren überschüssigen Elektronen verbinden sich rasch mit Wasserstoffatomen und bilden Wasser. (Im Wasser kommen häufig Wasserstoffionen vor; sie entstehen, wenn von einem Wasserstoffatom ein Elektron abgegeben wird.) An drei Stellen dieser Transportkette treibt die Elektronenübertragung eine Pumpe an, die positiv geladene Wasserstoffionen durch die Membran hindurchpumpt. Während immer mehr Elektronen die Proteinkette durchlaufen und zum Sauerstoff gelangen, sammeln sich auf einer Seite der Membran positive Ionen, während die andere Seite negativ geladen bleibt, genau

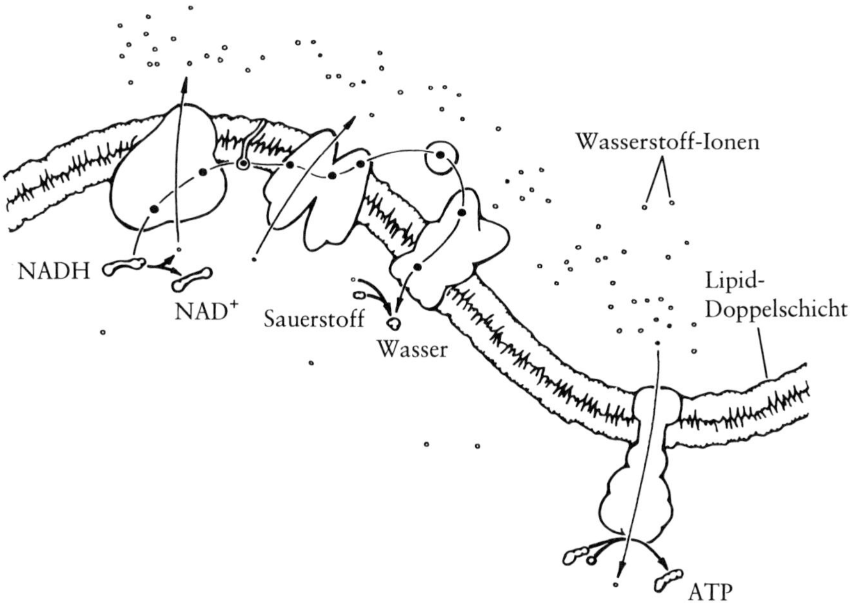

Abb. 15. Oxidative Phosphorylierung. Die auf NAD gelagerten Wasserstoffatome werden bei der oxidativen Phosphorylierung zur ATP-Erzeugung gebraucht. Von NADH werden Elektronen abgegeben; sie durchlaufen eine Kette von Überträgermolekülen (schwarze Punkte) und werden schließlich im Wasser auf ein Sauerstoffatom übertragen. Bei diesem Prozeß werden Wasserstoffionen durch die Lipid-Doppelschicht gepumpt, die hier im Querschnitt zu sehen ist. Durch den Proteinkomplex rechts fließen die Wasserstoffionen zurück, wobei ATP entsteht. (1.000.000fach vergrößert)

wie bei einer Batterie. Eine geladene Batterie hat einen mit negativen Ionen sowie einen mit positiven Ionen besetzten Pol. Die Trennung der Ladungen kann als Antriebskraft genutzt werden. Wir können einen Motor in Gang setzen oder eine Glühlampe zum Leuchten bringen, indem wir die Elektronen in einer Batterie zurückfließen lassen und damit die Ladungsdifferenz zwischen den Polen ausgleichen. Die Zelle läßt die Ionen durch die geladene Membran zurückfließen, mit Hilfe eines Proteins, das dabei für die Erzeugung von ATP sorgt (Abb. 15). Mit jedem Wasserstoffatom, das sich mit Sauerstoff zu Wasser verbindet, kann die Zelle sage und schreibe drei ATP-Moleküle bilden.

Die vollständige Oxidation eines einzelnen Glucosemoleküls zu Wasser und Kohlendioxid, von der Glycolyse über den

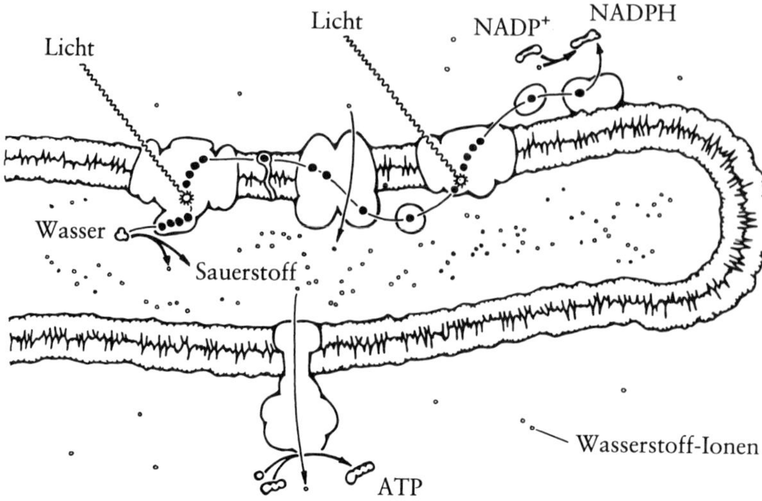

Abb. 16. Photosynthese. Die Energie aus dem Sonnenlicht wird durch die lichtabhängigen Reaktionen der Photosynthese eingefangen und zur ATP-Erzeugung genutzt. Im Wasser werden Elektronen freigesetzt und über eine Kette von Überträgermolekülen (schwarze Punkte) auf NADP übertragen. Dabei werden Wasserstoffionen in die Thylakoidscheiben hineingepumpt, die hier im Querschnitt zu sehen sind. Die Ionen-Konzentration wird dann zum Antrieb der ATP-Erzeugung genutzt, die von dem Proteinkomplex unten durchgeführt wird. (1.000.000fach vergrößert)

Zitronensäurezyklus bis zur oxidativen Phosphorylierung, erzeugt insgesamt 36 ATP-Moleküle. Dagegen produzieren Organismen, die ohne Sauerstoff leben und bei denen lediglich die Glycolyse abläuft, nur zwei ATP-Moleküle pro Glucosemolekül.

Natürlich fällt auch der Zelle nichts in den Schoß. Der Zucker, der für die ATP-Produktion als Brennstoff dient, muß ja schließlich irgendwo herkommen. Den Grundstock allen modernen Lebens stellen die grünen Pflanzen dar. Sie fangen mit Hilfe der *Photosynthese* die Strahlungsenergie der Sonne ein und nutzen sie, um anorganische Kohlenstoffverbindungen in biologisch verwertbare organische Nahrungsstoffe umzuwandeln.

Die Photosynthese beginnt mit den *lichtabhängigen Reaktionen*, bei denen die elektromagnetische Energie des Lichts in die chemische Energie von ATP umgesetzt wird. Wie bei den Reaktionen der oxidativen Phosphorylierung ist bei den lichtabhängigen Reaktionen ein Prozeß der Elektronenübertragung mit der Ladung einer Membran verknüpft. In grünen Pflanzen dienen abgeflachte, membranumgrenzte Säckchen (Thylakoidscheiben) als Batterien (Abb. 16). Große Protein-Photosysteme, die in ihren Membranen verankert sind, fangen die Lichtenergie ein und nutzen sie dazu, Elektronen aus dem Wasser freizusetzen, wodurch sich gasförmiger Sauerstoff bildet. Die Elektronen durchlaufen dann eine Kette von Enzymen, genau wie bei der oxidativen Phosphorylierung, und die Membran wird auf ganz ähnliche Weise mit Wasserstoffionen aufgeladen. Die geladene Membran wird dann wie bei der oxidativen Phosphorylierung zur ATP-Erzeugung genutzt. Nach einem Arbeitstag in der Sonne hat die Pflanze einen richtigen ATP-Vorrat aufgebaut.

Bei den *Dunkelreaktionen* wird das bei Licht gebildete ATP zur Energieerzeugung herangezogen. Die Thylakoidscheiben sind von Enzymen umgeben, die nach und nach Sauerstoff von Kohlendioxid abspalten und den verbleibenden Kohlenstoff an ein Zuckermolekül anfügen; die Energie für diesen Prozeß liefert die Spaltung von ATP. Ribulosebiphosphat-Carboxylase, das auf der Erde am häufigsten vorkommende Enzym, stellt die Schlüsselverbindung zwischen dem Kohlendioxid und der wachsenden Zuckerkette her. Dies ist die Verbindung, die uns alle ernährt: eine neue organische Kohlenstoff-Kohlenstoff-Verbindung, die in dieser oder abgewandelter Form von uns aufgenommen und von unseren Zellen zur Energieerzeugung aufgespalten wird.

Die Herstellung einer identischen Kopie von sich selbst

Zellen sind ständig mit ihrer eigenen Instandhaltung und Reparatur beschäftigt. Während sie ihre lebenswichtigen Aufgaben erfüllen – bei Nahrungssuche und Verdauung, beim Kampf mit Nahrungskonkurrenten und bei der Flucht vor Freßfeinden –, ersetzen die Zellen flink ihre verschlissenen molekularen Bestandteile. Man kann sie ja nicht zur Reparatur in eine Werkstatt bringen wie eine kaputte Uhr; also müssen sie sich selbst an Ort und Stelle um Ersatz kümmern, ohne daß der Ablauf der Lebensprozesse dadurch gestört wird.

Zellen müssen auch in der Lage sein, all die molekularen Maschinen, die sie enthalten, selbst aufzubauen, wobei ihnen nur die Stoffe in ihrer Umgebung zur Verfügung stehen. Man muß sich nur einmal bewußt machen, was für eine großartige Leistung das ist. Ein einfaches Bakterium enthält allein über tausend verschiedene Proteine. Es stellt etwa fünfhundert RNA-Moleküle mit unterschiedlicher Nucleotid-Abfolge her, dazu noch ein buntes Sortiment von Lipiden und Zucker-Polymeren. All das muß aus den Molekülen geschaffen werden, die die Zelle mit der Nahrung und durch die Atmung aufnimmt.

Die Fähigkeit, all ihre Bestandteile selbst herzustellen sowie neu erzeugte Bestandteile selbst in ihren Körper einzubauen, verleiht Zellen die bemerkenswerte Gabe, sich zu vermehren. Unter besonders günstigen Umweltbedingungen setzen Zellen große Mengen von Stoffen ein, um all ihre Bestandteile zu verdoppeln. Die stark vergrößerten Zellen teilen sich dann in zwei Teile, und die entstandenen Tochterzellen führen genau das gleiche Leben wie die Ursprungszelle.

Der zentrale molekulare Prozeß, der modernes Leben überhaupt erst ermöglicht, ist die *Proteinsynthese*, denn Proteine werden in beinahe allen Lebensbereichen gebraucht. Zum Aufbau von Proteinen ist eine Folge genau aufeinander abgestimmter Reaktionen nötig; die meisten davon werden wiederum von Proteinen ausgeführt. (Damit sind wir bei einem ungelösten Rätsel der Biochemie angekommen: was war zuerst da, die Proteine oder die Proteinsynthese? Wenn Proteine gebraucht werden, um Proteine herzustellen, wie hat das Ganze dann überhaupt angefangen?)

Jedes der verschiedenen Proteine wird nach einer Matrize gefertigt. Die spezielle lineare Abfolge der Aminosäuren in einem Protein ist in der linearen Abfolge der Nucleotide in der DNA kodiert. Weil sich die DNA aus nur vier Nucleotid-Typen zusammensetzt, in Proteinen jedoch zwanzig Typen von Aminosäuren vorkommen, kann es keine Eins-zu-eins-Entsprechung zwischen Aminosäure und Nucleotid geben. Die Zelle löst dieses Problem mit einem denkbar konservativen Kodierungssystem: Für jede Aminosäure steht eine bestimmte Nucleotid-Dreiergruppe (Triplett). Jede Position innerhalb des Tripletts kann von einem der vier Nucleotid-Typen besetzt sein, so daß ein Triplett theoretisch für bis zu 64 Aminosäuren stehen könnte. Das ist mehr als genug, um die zwanzig Aminosäuren zu kodieren, die tatsächlich in Zellen vorkommen; zusätzlich gibt es noch einige spezielle Triplett-Codes als Start- und Stopsignale. Proteine werden aufgebaut, indem die Abfolge der Nucleotid-Tripletts in der DNA abgelesen und die Information dazu benutzt wird, in der entsprechenden Reihenfolge Aminosäuren aneinanderzuknüpfen.

Die Zelle geht umständlicher vor, als man erwarten würde. Es wäre eine molekulare Maschine vorstellbar, die die DNA direkt abliest, indem sie sich an einem DNA-Strang entlangbewegt und Aminosäuren an ein wachsendes Proteinmolekül anfügt. Vielleicht wird diese Ein-Schritt-Methode aufgrund der Bedingungen, unter denen sich das Leben entwickelt hat, heute von Zellen nicht mehr angewandt (eine ausweichende Antwort auf die oben gestellte Frage). Statt dessen bauen Zellen ihre Proteine in zwei Schritten auf, wobei sie als Überträger zwischen der DNA und dem neuen Protein ein Botenmolekül einsetzen (Abb. 17).

Beim ersten Schritt, der *Transkription*, wird anhand der in der DNA gespeicherten Informationen das Botenmolekül aufgebaut. Das Enzym RNA-Polymerase entknäult einen Abschnitt der DNA-Doppelhelix und baut mit einer Geschwindigkeit von etwa 30 Aminosäuren pro Sekunde einen RNA-Strang auf, der zu der ursprünglichen DNA komplementär ist. Nach Beendigung des Vorgangs verwindet sich die DNA wieder zu ihrer stabilen Doppelschraubenstruktur. Der RNA-Strang, der als mRNA (»Messenger-RNA«) bezeichnet wird, enthält genau die gleiche Information wie der kopierte DNA-Abschnitt, noch immer als Abfolge von Nucleotiden. Doch dies ist ein Wegwerfmolekül, es wird nach Gebrauch ausrangiert.

Beim zweiten Schritt, der *Translation*, wird die Nucleotid-Abfolge in der mRNA abgelesen und dazu benutzt, Aminosäuren in der richtigen Reihenfolge zu einem neuen Protein zusammenzufügen. Die Translation erfordert das Zusammenwirken von über fünfzig verschiedenen molekularen Maschinen. Die tatsächliche physische Übereinstimmung jedes Nucleotid-Tripletts mit der entsprechenden Aminosäure wird von einem anderen RNA-Typ erzielt, der sogenannten tRNA (»Transfer«-RNA). Von dieser Überträger-RNA gibt es zwanzig verschiedene Typen, für jede Aminosäure eine. Sie ist L-förmig, das entsprechende Nucleotid-Triplett hängt an einem Ende und die dazugehörige Aminosäure am anderen (siehe Farbtafel 2). Eine andere Gruppe aus 20 verschiedenen Enzymen (Aminoacyl-tRNA-Synthetasen) heftet die jeweils richtige Aminosäure an die verschiedenen tRNA-Typen.

Der Aufbau der eigentlichen Proteine erfolgt durch die Ribosomen, die Motoren der Proteinsynthese. Unter der Regie von Proteinen, die den Prozeß in Gang setzen und beenden, sowie anderen Proteinen, die für jeden Schritt die notwendige Energie bereitstellen, wandern dic Ribosomen an einem mRNA-Strang entlang, reihen die tRNA-Adapter an seiner Längsseite auf und fügen die mitgebrachten Aminosäuren an. Bei einer Geschwindigkeit von etwa zwanzig Aminosäuren pro Sekunde dauert es etwa zwanzig Sekunden, bis ein durchschnittliches Protein aufgebaut ist. Über fünfzig einzelne Proteinketten und drei lange RNA-Ketten bilden zusammen diese großen molekularen Fabriken. Daß Ribosomen sowohl aus RNA als auch aus Protein bestehen, ist eine provokative Tatsache – vielleicht ein Überbleibsel aus den frühesten Zellen. Ribosomen erfüllen die zentrale Aufgabe des Lebens, darum sind sie wahrscheinlich im Laufe der Evolution über Milliarden von Jahren hinweg praktisch unverändert geblieben.

Abgesehen von den Proteinen müssen Zellen in der Lage sein, auch all ihre anderen molekularen Bestandteile herzustellen, wobei sie nur die Moleküle aus ihrer Nahrung zur Verfügung haben. Viele Bakterienzellen können alles herstellen, was sie brauchen, und das nur auf der Grundlage der einfachen Gase in der Luft – Stickstoff, Sauerstoff und Kohlendioxid –

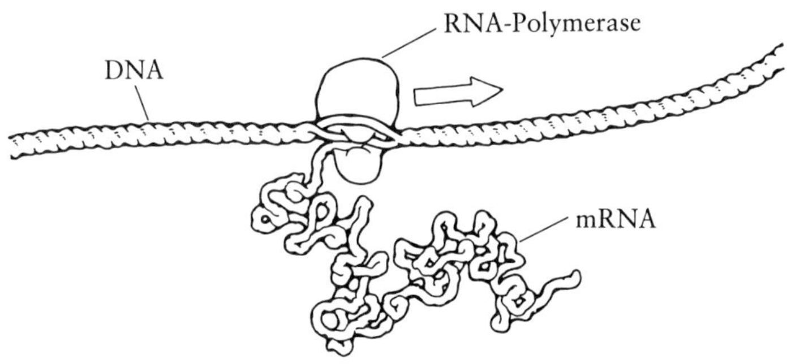

Abb. 17. Proteinsynthese. Die Proteinherstellung erfolgt in zwei Schritten: Zuerst wird, wie oben dargestellt, die in der DNA enthaltene Information auf die mRNA (»Messenger-RNA«), ein Botenmolekül, überschrieben. Die Information auf der mRNA wird dann in eine Aminosäure-Sequenz für ein neues Protein übersetzt; dies geschieht durch den kombinierten Einsatz von über fünfzig molekularen Maschinen, wie auf der gegenüberliegenden Seite zu sehen. (1.000.000fach vergrößert)

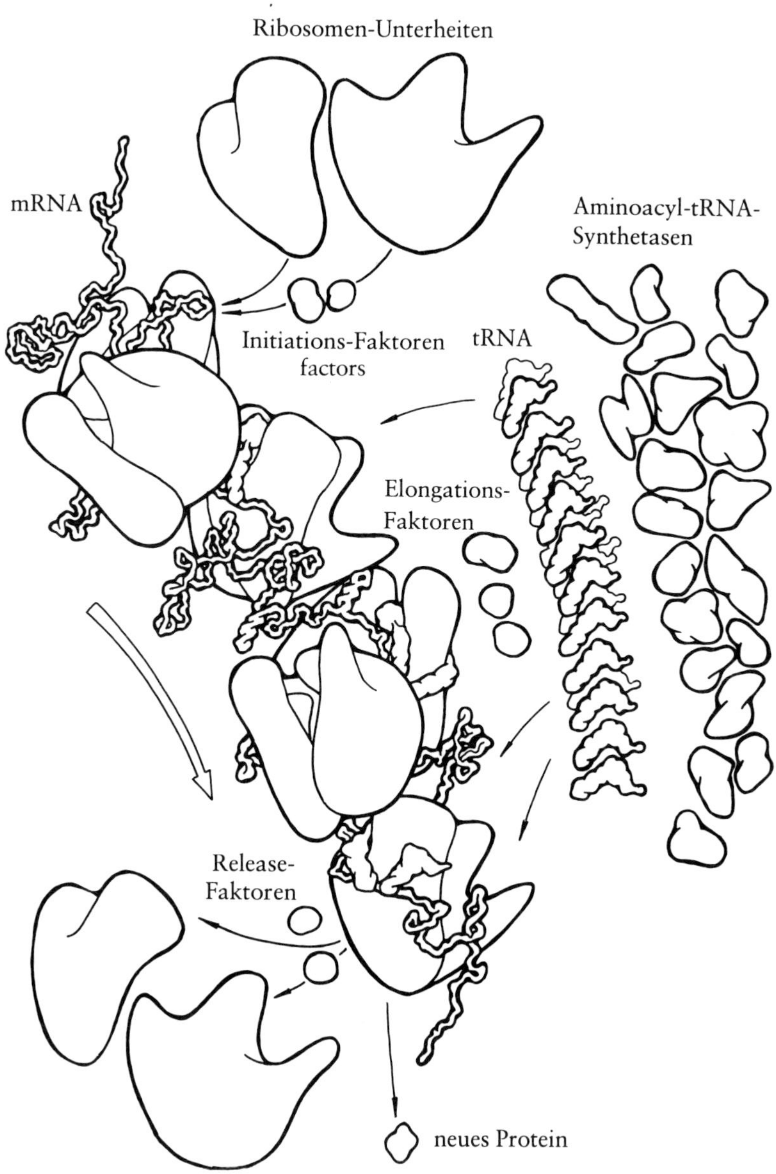
Ribosomen-Unterheiten
mRNA
Aminoacyl-tRNA-
Synthetasen
Initiations-Faktoren
factors
tRNA
Elongations-
Faktoren
Release-
Faktoren
neues Protein

plus ein paar Mineralien. Eine Vielzahl von Enzymen führt alle notwendigen Reaktionen durch. Manche benutzen die Energie aus dem Sonnenlicht, um aus Kohlendioxid und Wasser Zucker herzustellen. Der Zucker dient dann als Ausgangsbasis für andere Moleküle und als Energiequelle. Andere Enzyme fixieren Stickstoff und verbinden ihn mit Wasserstoff zu Ammoniak, der zur Herstellung von Aminosäuren und Nucleotiden gebraucht wird. Wiederum andere Enzyme stellen Lipide und bestimmte Zucker her, die von weiteren Enzymen miteinander verbunden werden, so daß eine Zellwand entsteht. Enzyme verbinden Basen, Zucker und Phosphate zu Nucleotiden, die wiederum von einem bestimmten Enzymkomplex verknüpft werden, wenn es darum geht, die heikle Aufgabe der DNA-Verdopplung auszuführen; bei jeder Zellteilung werden zwei Kopien der Matrize hergestellt.

Die Zellen im menschlichen Körper sind nicht ganz so selbstgenügsam. Im Laufe der Evolution haben wir in vielen Fällen die Gabe verloren, die Moleküle, die wir für unser Wachstum benötigen, selbst herzustellen, weil wir sie leicht direkt mit unserer Nahrung aufnehmen können. Wir können die Energie der Sonne nicht nutzen, also müssen wir Zucker und Fett essen, um uns Energie zuzuführen. Um Proteine aufzubauen, brauchen wir eine Reihe von Aminosäuren, die wir ohne Vorgabe nicht selbst herstellen können. Außerdem brauchen wir Vitamine – kleine Moleküle, die wir nicht selbst erzeugen können, die aber von einigen unserer Enzyme unbedingt gebraucht werden (Vitamine werden in Kapitel 8 behandelt). Wir stellen jedoch immer noch Hunderte verschiedener Moleküle selbst her: Lipide, die meisten Aminosäuren, Nucleotide und Zucker. Unsere Zellen stellen ebenfalls viele neuartige Moleküle her: Hormone, Neurotransmitter, schmerzstillende Substanzen, Sauerstoff-Überträgermoleküle und Farbstoffe.

Schutz und Wahrnehmung

Wenn Lebewesen zu ihrer Umwelt in Kontakt treten wollen, müssen sie sich schützen und abgrenzen, doch gleichzeitig müssen sie veränderte Bedingungen wahrnehmen und darauf reagieren. Um diese entgegengesetzten Funktionen erfüllen zu können, haben moderne Organismen eine verblüffende Vielfalt unterschiedlicher molekularer Maschinen entwickelt. Die für Synthese und Energieerzeugung zuständigen molekularen Maschinen, die bereits vorgestellt wurden, sind bei allen lebenden Organismen beinahe gleich; gerade in diesem dritten Funktionsbereich aber werden die Unterschiede zwischen den Lebewesen deutlich. Die Organismen haben viele verschiedene Methoden entwickelt, um mit unterschiedlichen Umweltbedingungen zurechtzukommen. Die Mechanismen, mit denen sie sich vor salzigem Meerwasser, Wüstenhitze oder dünner Gebirgsluft abschirmen, haben zur Schaffung vieler einzigartiger Strukturen geführt. Neuartige Molekülkombinationen ermöglichen es einem Organismus, hinter einer Beute herzuschwimmen, vor einem Feind zu fliehen, oder furchtbar schlecht zu schmecken.

All dem liegt ein bestimmtes Muster zugrunde: Alle Organismen benutzen eine Lipid-Doppelschicht als grundlegende Trennlinie zwischen »Selbst« und »Außenwelt«. Lipid-Doppelschichten hindern große Moleküle daran, in die Zelle einzudringen. Doch eine völlig undurchlässige Haut wäre für eine Zelle nutzlos. Wie sollte sie jemals Nährstoffe aufnehmen? Deshalb bauen Zellen verschiedene Proteinpumpen auf, die durch die Membran hindurchreichen und bestimmte Moleküle von einer Seite der Membran zur anderen befördern, was normalerweise den Einsatz von Energie erfordert. Bestimmte Pumpen werden dazu gebaut, Aminosäuren in die Zelle hinein- und Harnstoff herauszupumpen, oder um Natrium gegen Kalium auszutauschen. Auf diese Weise regulieren Zellen sorgfältig den Transport von Molekülen ins Innere: Nährstoffe werden herein- und Abfallstoffe hinaustransportiert.

Lipid-Doppelschichten sind jedoch filigrane Strukturen und müssen stabilisiert werden, um einen starken Schutzwall gegen Witterungseinflüsse und Freßfeinde zu bilden. Zu diesem Problem haben sich auf molekularer Ebene vielfältige Lösungen entwickelt. Die in Kapitel 7 beschriebenen Pflanzenzellen bauen an der Außenseite ihrer Lipid-Doppelschicht einen zähen Überzug aus Cellulose (einem Polysaccharid) auf. Diese Schicht ist so widerstandsfähig, daß sie noch lange nach dem Absterben der Pflanze bestehen bleibt. Wir nutzen die Cellulose im Holz zum Bau von Häusern und die Cellulose im Papier, um darauf zu drucken. Die Zellen in unserem Körper, mit denen wir uns in Kapitel 6 befassen werden, benutzen ein innenliegendes Gerüst aus Protein, das an bestimmten Punkten an der Lipid-Doppelschicht befestigt und mit einem Netz aus Proteinfasern verbunden ist, das sich durch die ganze Zelle zieht. Das im folgenden Kapitel beschriebene Bakterium baut zwei konzentrische Lipid-Doppelschichten auf, in die eine widerstandsfähige Protein-Zucker-Lage eingebettet ist.

Bei den molekularen Maschinen, die für Wahrnehmung und Reaktion zuständig sind, ist die Vielfalt besonders groß. Das war zu erwarten, da die Umwelt der stärkste Einzelfaktor ist, der die Evolution der Organismen beeinflußt. Die Lebewesen, die es in ihrer ökologischen Nische am besten verstehen, ihre Umwelt wahrzunehmen, sie auszunutzen und sich zu vermehren, sind bei diesem Auswahlprozeß am erfolgreichsten. Vergleichen wir einmal zwei Organismen, die – evolutionär betrachtet – weitläufig miteinander verwandt sind: das Darmbakterium *Escherichia coli* und seinen Wirt, den Menschen. Damit ist das ganze Spektrum der Komplexität von Lebewesen abgedeckt. Das Bakterium kann kurzfristige Veränderungen in seiner Umgebung nur in beschränktem Maße wahrnehmen und darauf reagieren, während der größte Teil des menschlichen Körpers mit genau diesen Aufgaben beschäftigt ist.

Bei *Escherichia-coli*-Zellen sind weniger als 5% der molekularen Maschinen für Bewegung und Wahrnehmung zuständig, was nur ganz einfache Reaktionen ermöglicht. Man kann diese Zellen dabei beobachten, wie sie gleichmäßig in eine Richtung durch ihr wäßriges Medium schwimmen – mit Hilfe von langen, korkenzieherförmigen Geißeln, die von einem in die Zellwand eingelassenen Motorkomplex angetrieben werden. Im Zellinnern messen einige Proteine ständig die Nährstoffkonzentration im umgebenden Wasser. Bleibt das Nährstoffniveau konstant oder steigt es an, so geschieht nichts. Sobald das Niveau aber abzusinken beginnt, wirken diese Proteine auf den Geißel-Motor ein und sorgen dafür, daß er vorübergehend seine Rotationsrichtung umkehrt. Da die spiralförmigen Geißeln eine bestimmte Ausrichtung haben, arbeiten sie bei einem Richtungswechsel ungeordnet gegeneinander; damit ist das Bakterium zum Anhalten gezwungen und gerät ins Taumeln. Bald kehrt der Motor zu seiner normalen Rotationsrichtung zurück, und das Bakterium schwimmt in eine neue, beliebige Richtung weiter. Durch dieses einfache System, das nur einen Motor und ein paar Meßproteine erfordert, gelingt es dem Bakterium, zu einer Nahrungsquelle zu gelangen; es tut dies jedoch auf sehr ineffiziente Weise. Schwimmt es auf eine Nahrungsquelle zu, so hält es nicht an und taumelt, sondern bewegt sich geradlinig voran. Sinkt die Nährstoffkonzentration jedoch ab, sucht es sich eine neue, zufällige Richtung, indem es taumelt und mit einer Reihe von kurzen Geißelschlägen herumtrudelt, bis es eine bessere Richtung gefunden hat. In seiner natürlichen Umgebung, unserem Darm, hat sich diese ziemlich willkürliche Methode offenbar bewährt.

Der menschliche Körper ist dagegen auf spezifische, zielgerichtete Bewegungen ausgelegt, die von einem differenzierteren Wahrnehmungsapparat gesteuert werden. Der größte Teil unserer Körpermasse ist mit Sinneswahrnehmung, Reaktion und Bewegung beschäftigt. Die Zellen in unserer Netzhaut sind mit einem Protein gefüllt, das Licht wahrnimmt; Licht, das dann von dicht gestapelten Linsenfaserzellen, vollgepackt mit Crystallin-Proteinen, gesammelt wird. Bestimmte Zellen in unserer Haut spinnen unglaublich lange Proteinstränge, unser Haar. Andere Hautzellen nehmen deren geringste Bewegung wahr. Diese und andere sensorische Daten werden von spezialisierten Zellen an das Gehirn übermittelt und dort ausgewertet; diese Zellen senden elektrische Impulse aus, die über Proteine weitergeleitet werden, wobei Lipide zur Isolation dienen. Die Feinabstimmung der Bewegung erfolgt durch eine umfangreiche Struktur aus mineralisierten Knochenzellen; die Bewegung wird von proteingefüllten Muskelzellen ausgeführt, die auf Kontraktionen spezialisiert sind; das Ganze wird von Bindegewebszellen zusammengehalten, die widerstandsfähige Schichten aus Zucker und Protein ausbilden.

Durch all diese Vielfalt hindurch bleibt jedoch der rote Faden erkennbar, der alle Lebensformen auf der Erde miteinander verbindet: er reicht von der Einfachheit eines Bakteriums bis hin zur Komplexität des menschlichen Körpers: All diese einzigartigen Strukturen bestehen aus den gleichen vier molekularen Bestandteilen – Proteinen, Nucleinsäuren, Lipiden und Polysacchariden.

Galerie der Molekularstrukturen

Tafel 1
Protein, Nucleinsäure, Lipid und Polysaccharid

Die vier von lebenden Zellen verwendeten molekularen Baupläne haben bestimmte Eigenschaften, die auf ihre unterschiedliche Anordnung hydrophober und hydrophiler Atome zurückzuführen sind. Auf dieser und den folgenden Farbabbildungen sind hydrophobe Kohlenstoffatome weiß, leicht hydrophile Atome pastellfarben (hellblau für Stickstoff und rosa für Sauerstoff) und stark hydrophile Atome, die eine volle elektrische Ladung tragen, leuchtend bunt dargestellt (blau für Stickstoff und rot für Sauerstoff). Wasserstoffatome tragen die Farbe des Atoms, an das sie gebunden sind, und die gelegentlich auftauchenden Schwefel- und Phosphatatome sind gelb gefärbt.

Im Uhrzeigersinn, oben links beginnend, sieht man auf dieser Abbildung: das Pflanzenenzym Dihydrofolat-Reduktase, mit positiv und negativ geladenen Gruppen besetzt; einen Doppelstrang DNA (eine Nucleinsäure), überwiegend negativ geladen; ein Polysaccharid, mit leicht hydrophoben Gruppen besetzt; und einen Querschnitt durch eine Lipid-Doppelschicht, fast vollständig hydrophob. (10.000.000fach vergrößert)

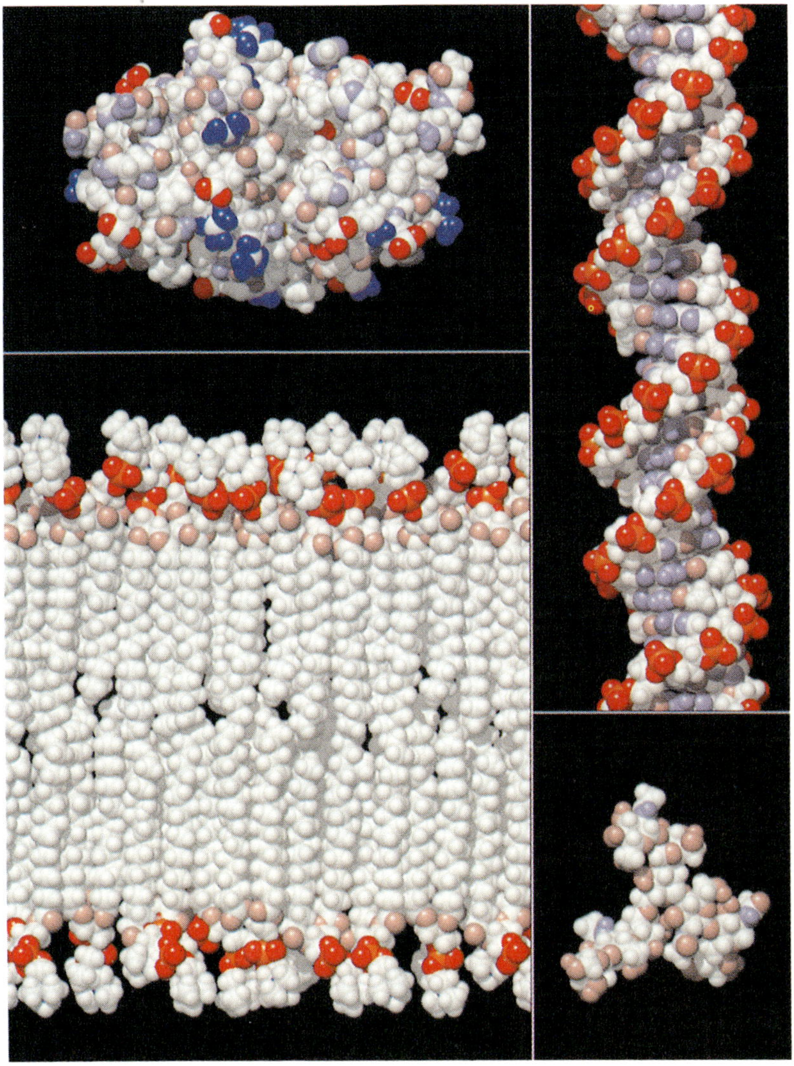

Tafel 2 Transfer-RNA

Die Transfer-RNA dient als Übersetzer zwischen den Codes von Nucleinsäure und Protein; sie stellt den Chiffrierschlüssel dar. Transfer-RNA-Moleküle sind L-förmige, in sich gewundene RNA-Stränge. Die drei Basen, die die DNA ablesen, befinden sich an dem schleifenförmigen Ende (an beiden Molekülen jeweils links, grün hervorgehoben), an dem sich die Kette auf sich selbst hin- und herfaltet und mehrere Basen ungepaart sind. Die Aminosäure, die an ein gerade entstehendes Protein angeknüpft werden soll, wird am anderen Ende angefügt; sie bindet an das letzte Nucleotid in der Kette (jeweils rechts, grün hervorgehoben). Das obere tRNA-Molekül trägt die Aminosäure Phenylalanin, das untere trägt Aspartat. Man nimmt an, daß die Unterschiede im Ellbogenbereich des Moleküls es dem spezifischen Enzym ermöglichen, die tRNA zu erkennen und die jeweils richtige Aminosäure aufzuladen. (10.000.000fach vergrößert)

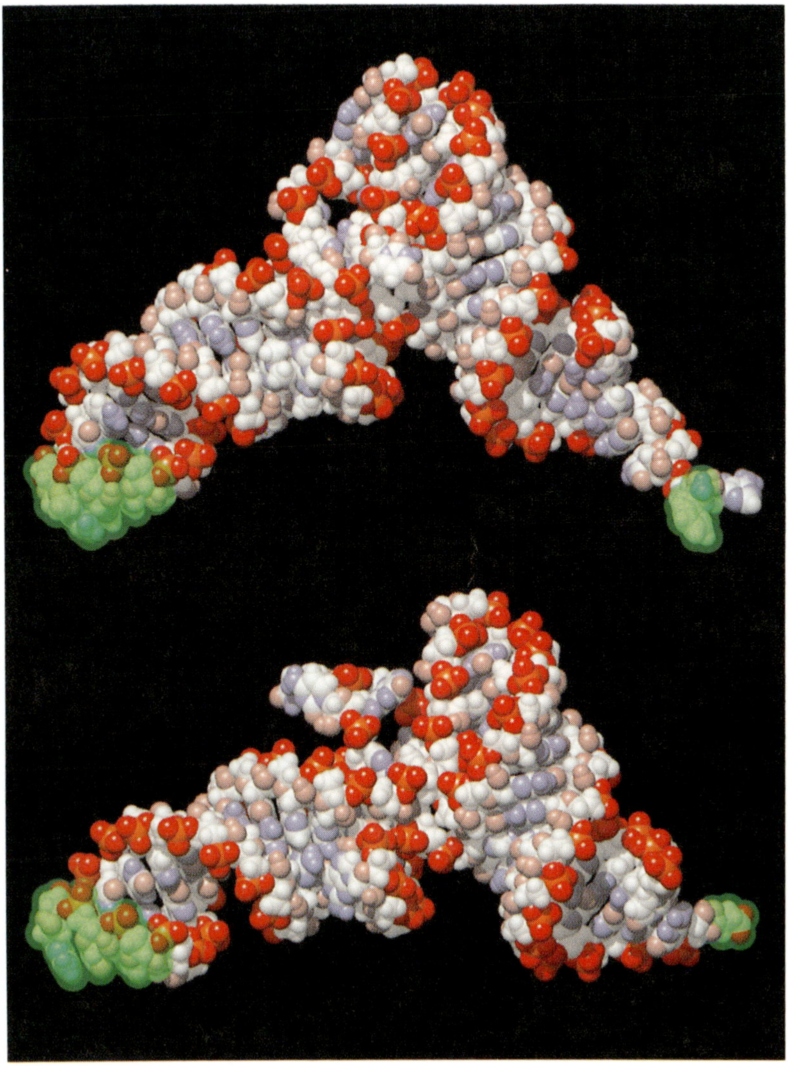

Tafel 3 Pepsin

Verdauungsenzyme sind im allgemeinen klein und sehr stabil, weil sie häufig unter ungünstigen Umweltbedingungen eingesetzt werden. Hitze, hohe Salzkonzentrationen oder Säure falten das Protein auseinander und machen es funktionsunfähig. Eine Möglichkeit zur Stärkung von Proteinen, die außerhalb der Zelle arbeiten, besteht darin, mehrere Brückenbindungen zwischen Teilen der Proteinkette auszubilden und damit die Kette in der richtigen Konformation festzuhalten. Pepsin, ein Enzym, das in unserem Magen Proteine aufspaltet, hat drei Brückenbindungen (gelb) zwischen Schwefelatomen an verschiedenen Teilen der Kette. (Die untere Abbildung zeigt lediglich die Lage der einzelnen Aminosäuren; die Bindungen sind als Röhren dargestellt.)

Durch ähnliche Brückenbindungen wird unser Haar stabilisiert. Haare bestehen aus Lagen nebeneinanderliegender Proteinstränge. Zahlreiche Bindungen zwischen den benachbarten Strängen sorgen dafür, daß die Stränge nicht verrutschen. Wenn Sie sich eine Dauerwelle machen lassen, trägt der Friseur eine Chemikalie auf, die die Brückenbindungen aufspaltet. Das schlaffe Haar wird dann in die gewünschte Form gebracht, und die Brückenbindungen werden wieder aufgebaut. Weil bei diesem Prozeß chemische Reaktionen mit Schwefel stattfinden, riecht es ziemlich unangenehm. (10.000.000fach vergrößert)

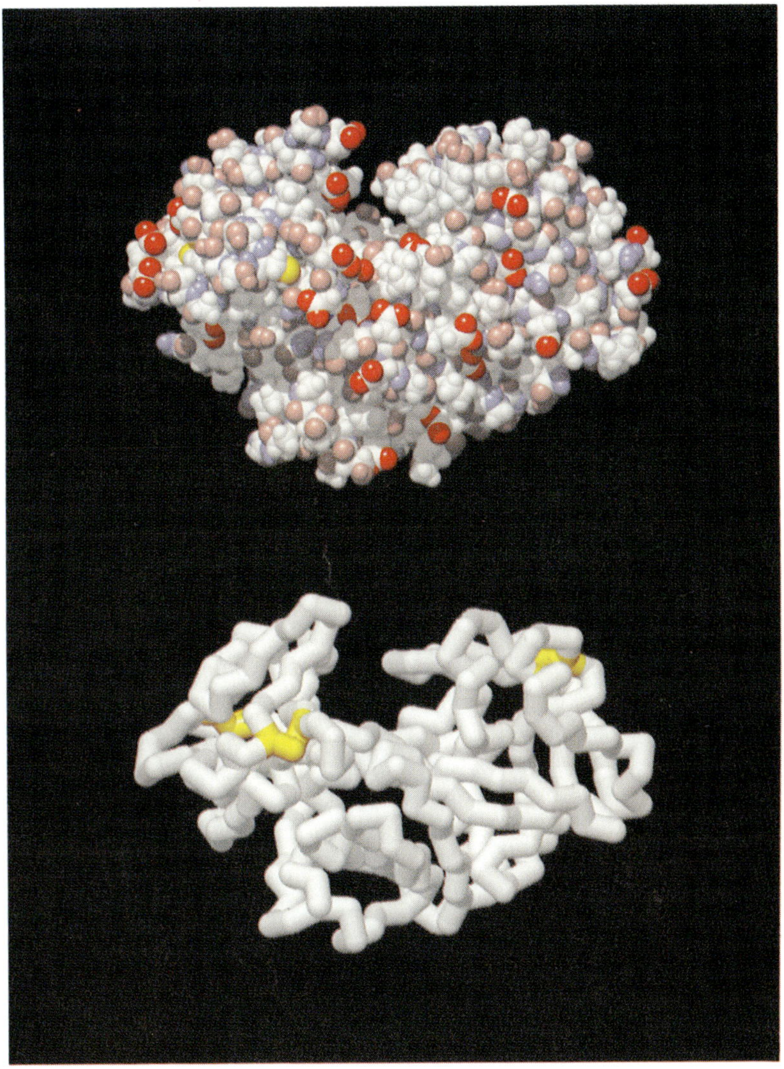

Tafel 4 HIV-Protease

Dieses kleine Enzym hat sehr viel Aufmerksamkeit erregt, weil es das erste Molekül des HIV-(Human Immunodeficiency)Virus war, dessen Atomstruktur genau untersucht wurde. Es handelt sich um eine ganz spezielle Protease: Während Pepsin Proteine an vielen Stellen zerschneidet und in Bruchstücke zerlegt, macht die HIV-Protease nur ein paar ganz bestimmte Schnitte, die für die Reifung des Virus erforderlich sind. (Die Rolle der Protease im Lebenszyklus eines Virus wird in Kapitel 9 erläutert.)

In der Forschung versucht man gegenwärtig, das Wissen über die Struktur der HIV-Protease bei der Entwicklung von Medikamenten gegen AIDS zu nutzen, wobei die Technologie der computergestützten Medikamentenentwicklung zum Einsatz kommt. Es wird nach neuen Arzneistoffen gesucht, die dieses Enzym an sich binden und deaktivieren sollen, um damit einen entscheidenden Schritt im Lebenszyklus des Virus zu blockieren. Die Medikamente werden am Computer entwickelt und überprüft. Der beste Kandidat wird dann von Wissenschaftlern im Bereich der organischen Chemie synthetisiert und an aktiven Viren getestet. (10.000.000fach vergrößert)

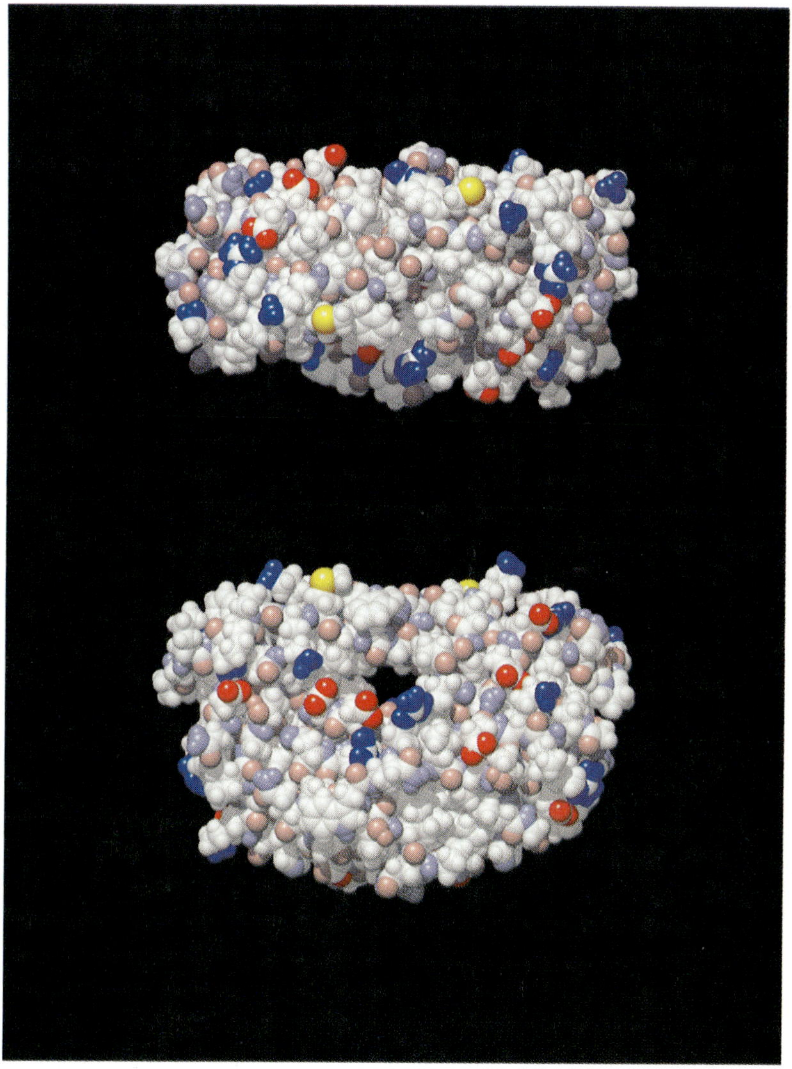

Tafel 5 Phosphoglycerat-Kinase

Die Phosphoglycerat-Kinase führt den siebten Reaktionsschritt der Glycolyse durch, die in Kapitel 3 beschrieben wurde. Das Enzym bindet an Phosphoglycerat (ein Bruchstück der Glucose) und stößt das Phosphat ab, so daß ATP entsteht. Dieser Prozeß könnte ein Problem aufwerfen: Würde das Enzym Phosphoglycerat mit einem *Wasser*molekül verbinden, so könnte das Phosphat leicht an das Wasser abgegeben werden, und damit wäre die Chance zur ATP-Erzeugung vertan. Das Enzym würde ungehindert das gesamte Phosphoglycerat zerstören, das in den ersten sechs Schritten der Glycolyse gebildet wurde, bevor überhaupt ATP hergestellt werden kann.

Die Lösung des Problems liegt in der ungewöhnlichen Form der Phosphoglycerat-Kinase. Das Molekül besteht aus zwei Bereichen, die durch ein bewegliches Gelenk miteinander verbunden sind. Ein Teil der für die Reaktion erforderlichen Aminosäuren befindet sich in der oberen Hälfte, ein Teil in der unteren. Bei der Verbindung mit Phosphoglycerat und ADP umschließt das Enzym diese Moleküle von allen Seiten. Erst dann werden die beteiligten Aminosäuren in Position gebracht und an der Innnenseite – durch das Enzym vom Wasser abgeschirmt – wird die Reaktion katalysiert. Der Trick dabei ist, daß das Enzym zuklappen muß, um funktionsbereit zu sein; Wasser und Phosphoglycerat allein können dieses Zuklappen aber nicht veranlassen. (10.000.000fach vergrößert)

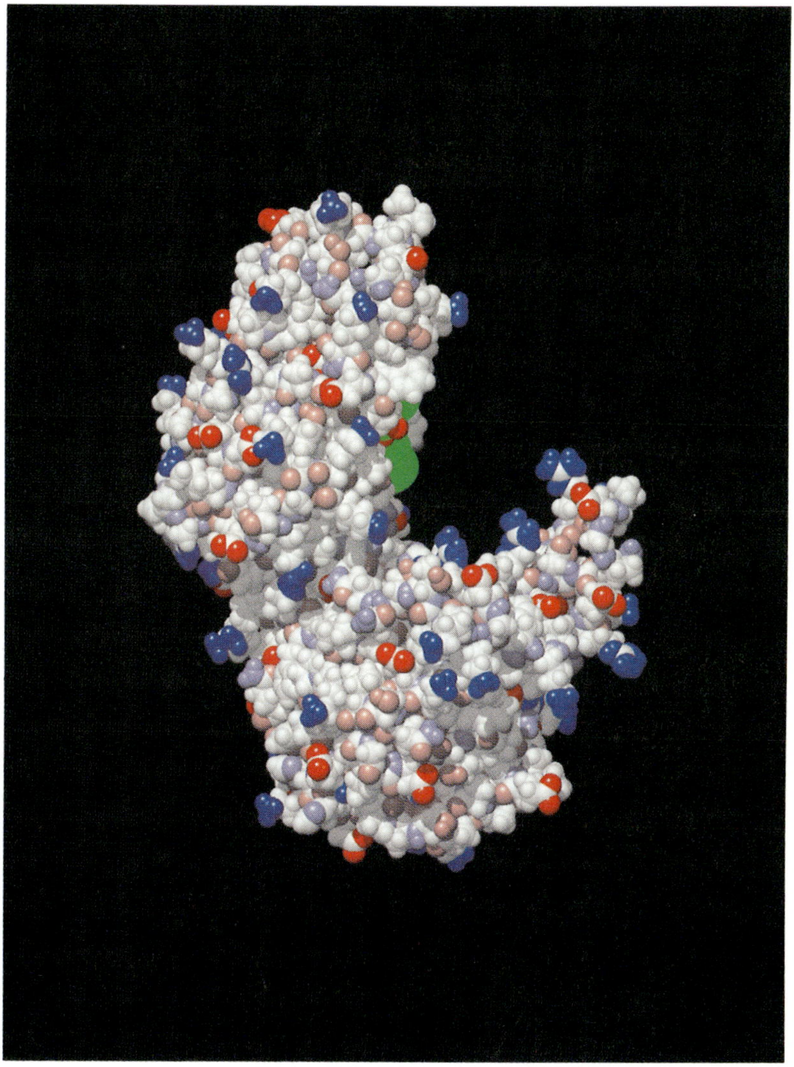

Tafel 6 Alkohol-Dehydrogenase

Alkohol wird in unserer Leber mit Hilfe der Alkohol-Dehydrogenase entgiftet. Die in der Leber vorhandene Menge dieses Enzyms reicht aus, um stündlich etwa 10 Milliliter – ein Glas Wein oder einen Schluck Whiskey – abzubauen. Alkohol ist ein sehr kleines hydrophobes Molekül; deshalb kann er sich in unserem Körper so ziemlich alles erlauben. Er durchdringt mühelos Lipid-Doppelschichten und hat auf diese Weise Zugang zu allen Zellen. Er passiert mühelos die Blut-Hirn-Schranke, die das Blut vom Zentralnervensystem trennt – normalerweise ein schwieriges Unterfangen –, so daß wir seine Wirkung schon bald nach dem Trinken spüren. Alkohol dringt ungehindert zu einem sich entwickelnden Fötus vor: Im Mutterleib heranwachsende Babies nehmen genauso viel Alkohol zu sich wie ihre Mütter. (10.000.000fach vergrößert)

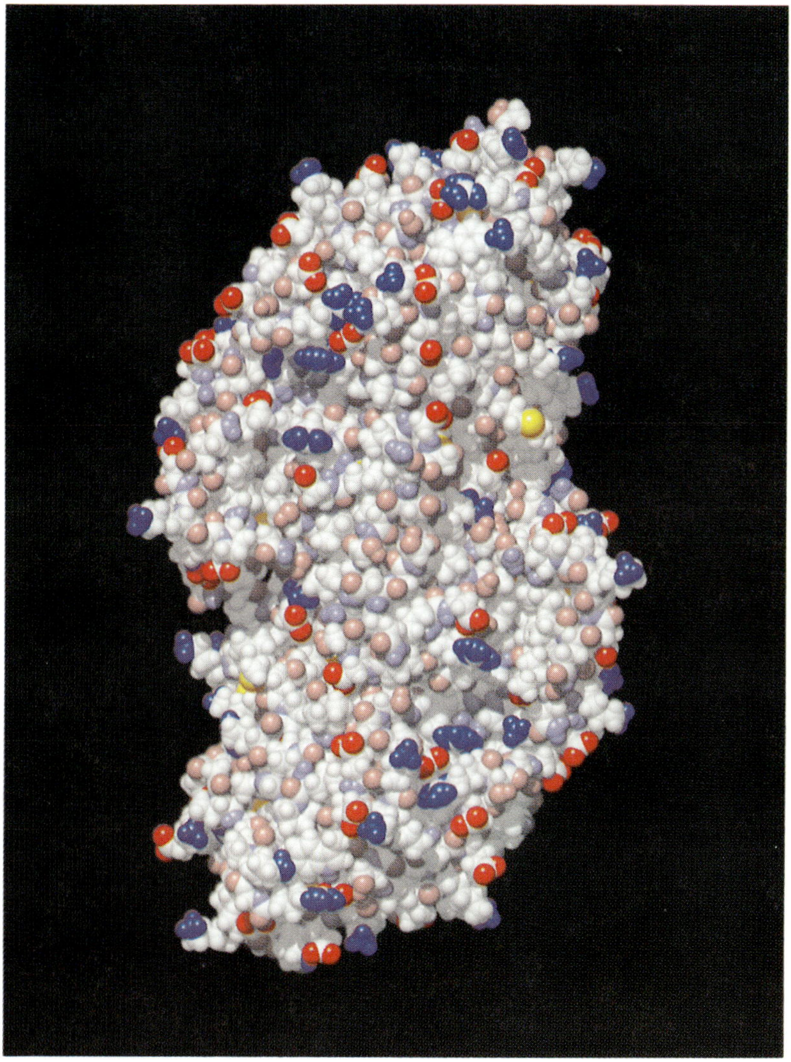

Tafel 7 Glutamin-Synthetase

Glutamin-Synthetase ist ein Beispiel für einen großen Enzymkomplex; er besteht aus zwölf identischen Proteinen, die in eine hübsche symmetrische Form gepackt sind. Hier schauen wir von oben auf eine beinahe perfekte sechsfache Rotationsachse; die Proteine sind zu einem Sechseck angeordnet. Man hat Proteine in beinahe jeder nur erdenklichen symmetrischen Anordnung entdeckt: es wurden Moleküle mit dreifachen und fünffachen Achsen, Tetraeder (Vierflächer) und ikosaedrische Vielecke (Zwanzigflächer) gefunden.

Welche Vorteile haben große Komplexe gegenüber einfachen Proteinen? Meist liegt der Vorteil in der Organisation. Viele Proteinkomplexe, darunter die Glutamin-Synthetase und die Proteine auf den nachfolgenden beiden Farbtafeln, verlassen sich bei der Regulierung ihrer Funktion auf das Zusammenwirken ihrer verschiedenen Untereinheiten. Andere Komplexe bringen mehrere Enzyme zu einer funktionellen Einheit zusammen. Der Pyruvat-Dehydrogenase-Komplex, der das Endprodukt der Glycolyse aufnimmt und in den Zitronensäurezyklus weiterleitet, führt beispielsweise eine ganze Serie von Reaktionen aus und kann damit effizienter arbeiten. (10.000.000fach vergrößert)

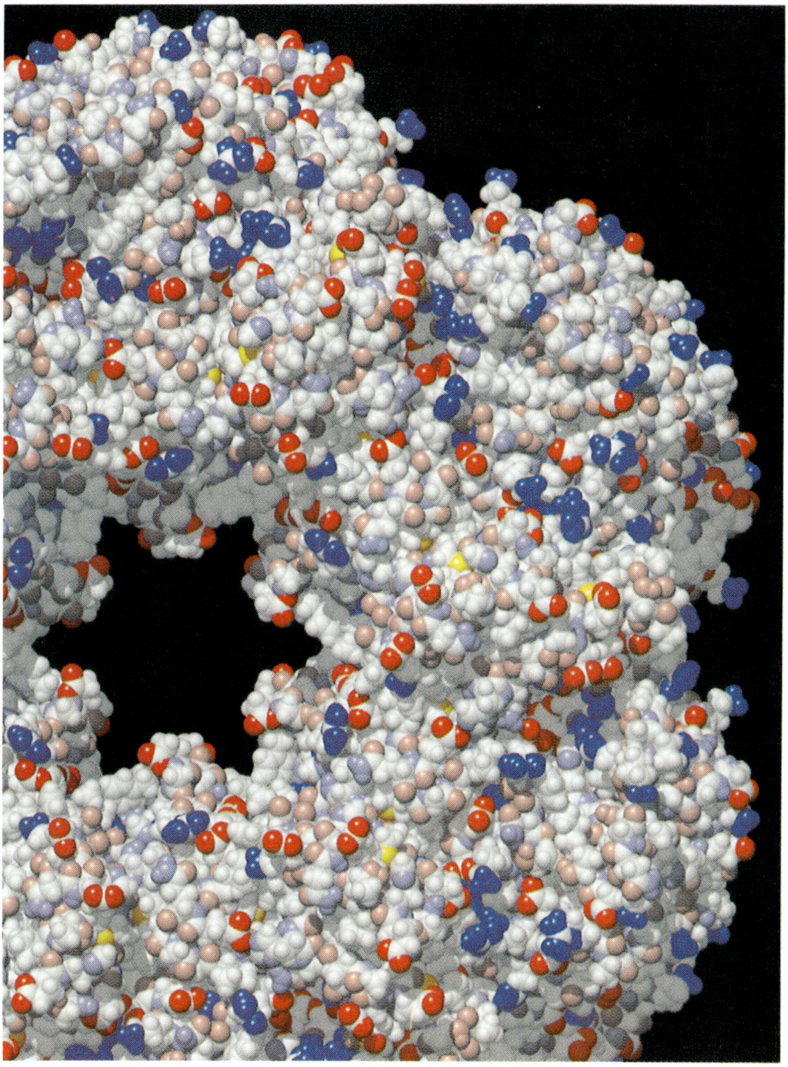

Tafel 8 Hämoglobin

Die mit Hämoglobin gefüllten roten Blutkörperchen bringen Sauerstoff aus unserer Lunge in unsere Zellen (vgl. auch Abb. 41). Hämoglobin besteht aus vier ähnlichen Untereinheiten, bei denen jeweils ein Eisenatom in einem flachen, viereckigen Häm-Molekül verankert ist (in Abb. 57 ist ein vergiftetes Häm dargestellt). Der Eisen-Häm-Komplex gibt dem Hämoglobin, und damit dem Blut, seine hellrote Farbe.

Hämoglobin ist *allosterisch* (andere Form). Formveränderungen spielen für seine Funktion eine große Rolle, denn dabei wechselt die Affinität zum Sauerstoff zwischen seinen vier Bindungsstellen. Wenn das erste Sauerstoffmolekül gebunden hat, verändert das Hämoglobin leicht seine Form (von der in der Abbildung oben gezeigten Form zur unteren), wodurch die anderen drei Bindungsstellen für Sauerstoff attraktiver werden. Das erste Sauerstoffmolekül ist schwierig zu binden, die drei folgenden zunehmend leichter. In unserer Lunge wird das erste Sauerstoffmolekül geradezu zur Bindung gedrängt, weil reichlich Sauerstoff vorhanden ist; die anderen Bindungsstellen füllen sich dann rasch. In unseren Muskeln ist es umgekehrt: Sauerstoff ist knapp, und das Sauerstoffmolekül fällt ab. Weil das vierte abgefallene Sauerstoffmolekül schwer zu ersetzen ist, bleibt die Bindungsstelle leer. (10.000.000fach vergrößert)

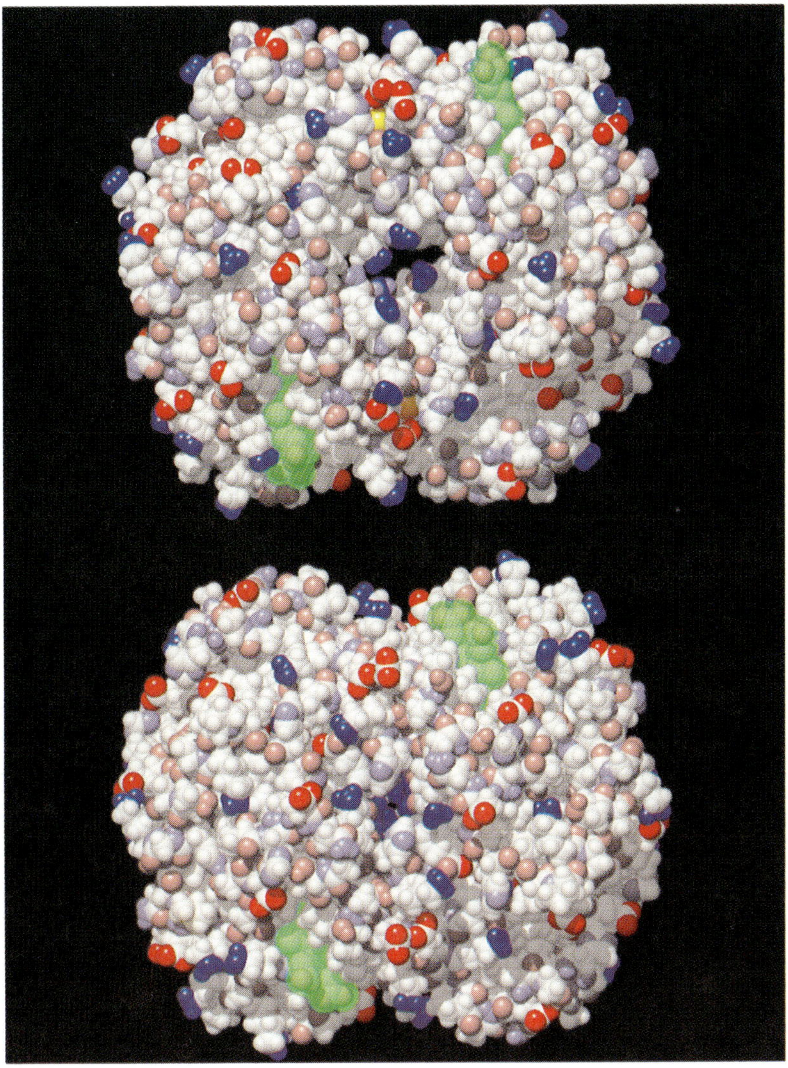

Tafel 9 Phosphofructokinase

Der Stoffwechsel in der Zelle unterliegt einer sorgfältigen Regulation: Es wird nur dann Nahrung abgebaut, wenn die Zellen Energie benötigen. Schritt 2 der Glycolyse, der von der Phosphofructokinase katalysiert wird, stellt einen wichtigen Kontrollpunkt dar. Ist dieser Schritt erst einmal vollzogen, können auch die übrigen Schritte ungehindert erfolgen. Phosphofructokinase ist ein allosterisches Enzym, das heißt, es kann je nach dem Energiebedarf der Zelle von einer Konformation in eine andere wechseln. An zwei verschiedenen Stellen des Enzyms wird ATP gebunden: an den aktiven Zentren oder Reaktionszentren (zwei davon sind auf der Vorderseite grün eingezeichnet) und an den Regulationszentren (grün, in den Spalten oben und unten). Bindet ATP an die Regulationszentren, so sind die vier Untereinheiten des Enzyms gezwungen, sich leicht zu bewegen – sie müssen in die »andere Form« übergehen –; damit findet am aktiven Zentrum keine Reaktion mehr statt.

Ist in der Zelle ein reichlicher ATP-Nachschub vorhanden, so gibt es am Regulationszentrum viele Moleküle zu binden, und das Enzym wird abgeschaltet. Herrscht jedoch ATP-Knappheit, so ist nicht mehr genügend vorhanden, um das Regulationszentrum auszufüllen. Das Enzym wird aktiv, und die Glycolyse kommt wieder in Gang. Auf diese Weise reguliert sich die Glycolyse von selbst: Die Menge des Zuckers, der abgebaut werden soll, wird durch die vorhandene Menge des Endprodukts – ATP – bestimmt. (10.000.000fach vergrößert)

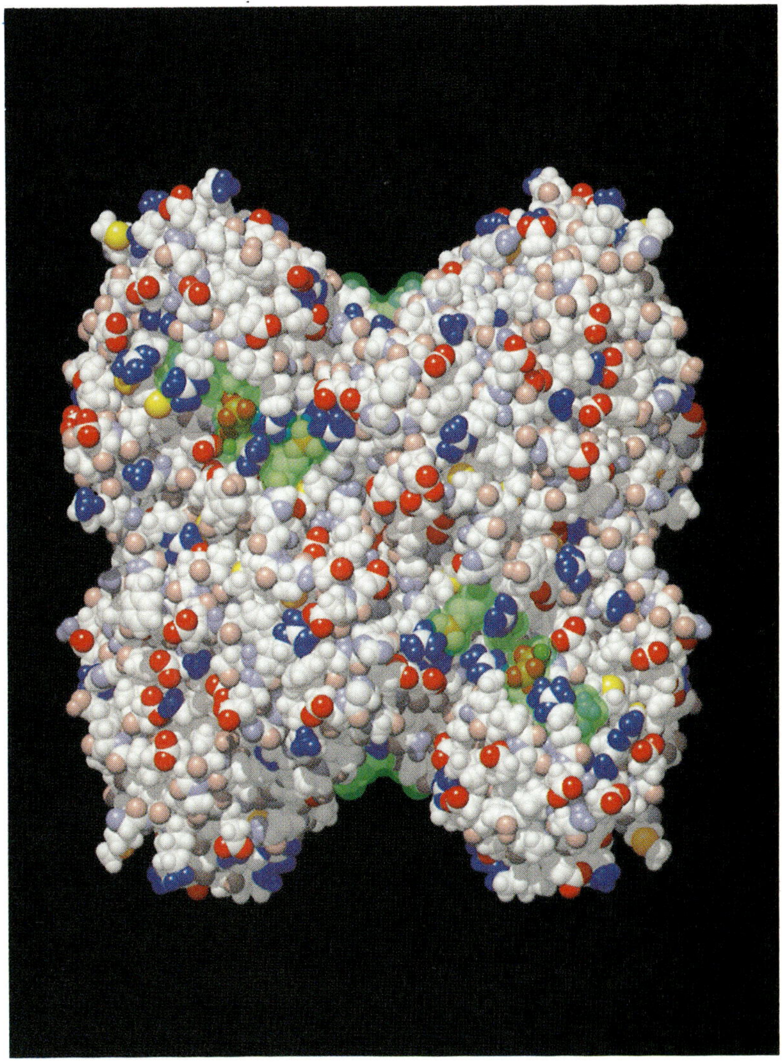

Tafel 10 Aconitase

Die Aconitase, ein Enzym des Zitronensäurezyklus, ist in der Lage, zwischen den beiden im unteren Teil der Abbildung vergrößert dargestellten, sehr ähnlichen Molekülen zu unterscheiden. Diese kleinen Moleküle sind praktisch identisch; sie sind lediglich spiegelverkehrt. Aconitase akzeptiert für die von ihr durchgeführte Reaktion nur das linke Molekül.

Das Enzym erkennt sein Substratmolekül, indem es dieses völlig umschließt. Der Kopf am oberen Ende des Moleküls ist durch eine lange, bewegliche Kette mit dem etwas größeren Körper verbunden (nicht abgebildet). Das Protein legt sich so eng um das Substrat wie ein Handschuh um eine Hand. Bestimmte Aminosäuren lesen jeweils die aus dem Molekül hervorstehenden Gruppen ab. (Oben: 10.000.000fach vergrößert, unten: 30.000.000fach)

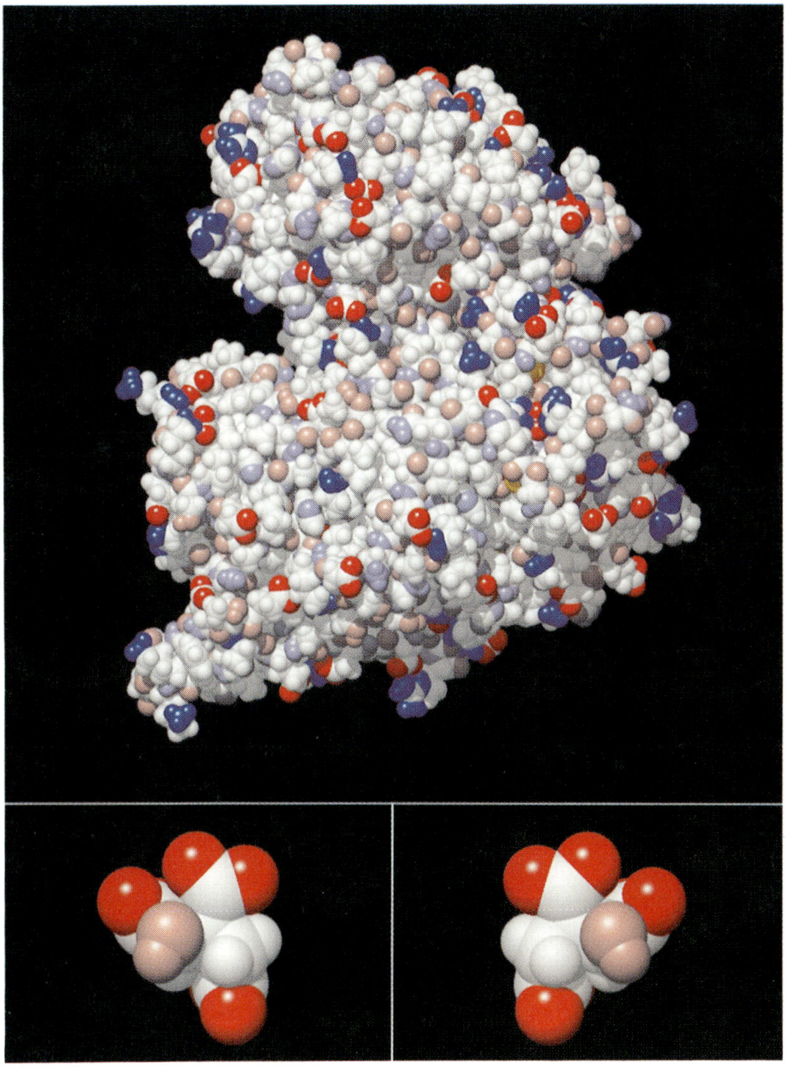

Tafel 11 Hormone

Für die meisten unserer Zellen ist die wichtigste Energiequelle die Glucose. Nennenswerte Glucosemengen werden jedoch nur an zwei Stellen im Körper gespeichert: in der Leber und in den Muskeln. Die anderen Zellen decken ihren Bedarf aus der im Blut zirkulierenden Glucose. Mehrere Hormone regulieren die Glucosekonzentration im Blut. Es ist wichtig, daß dort die richtige Menge vorhanden ist: ist es zu wenig, sterben die Zellen; ist es zuviel, so ist als Folge der überhöhten Blutzukkerwerte langfristig mit Diabetes zu rechnen.

Die beiden kleinen Protein-Hormone Glucagon und Insulin regulieren den normalen Glucosespiegel im Blut. Sie werden von Zellen in der Bauchspeicheldrüse abgegeben, die ständig die Glucose-Konzentration messen. Sinkt der Glucosespiegel, wird Glucagon (Mitte) abgegeben. Glucagon bindet an einen Rezeptor auf den Leberzellen und löst eine Reaktions-Kaskade aus, die letztendlich dazu führt, daß eingelagerte Glucose ins Blut abgegeben wird. Ist der Glucosespiegel zu hoch – zum Beispiel unmittelbar nach einer Mahlzeit –, so wird von der Bauchspeicheldrüse Insulin (oben) abgegeben. Insulin bindet an Fettzellen und regt sie dazu an, Glucose aufzunehmen und damit den Glucosespiegel im Blut zu senken. Durch die entgegengesetzte Wirkung dieser beiden Hormone wird der Glucosespiegel im Blut konstant gehalten.

In bestimmten Situationen hat Epinephrin (Adrenalin, unten) eine ähnliche Wirkung wie Glucagon. Wenn wir uns in Gefahr befinden, wird aus dem Nebennierenmark Epinephrin ins Blut abgegeben. Es wirkt auf viele Teile des Körpers ein, macht uns bereit zu kämpfen oder wegzurennen, indem es Blutdruck und Herzfrequenz erhöht und die Atemwege befreit. Epinephrin signalisiert auch der Leber und den Muskeln, daß sie Glucose ins Blut abgeben sollen, um unserem Körper, falls erforderlich, sofort nutzbare Energie zur Verfügung zu stellen. (10.000.000fach vergrößert)

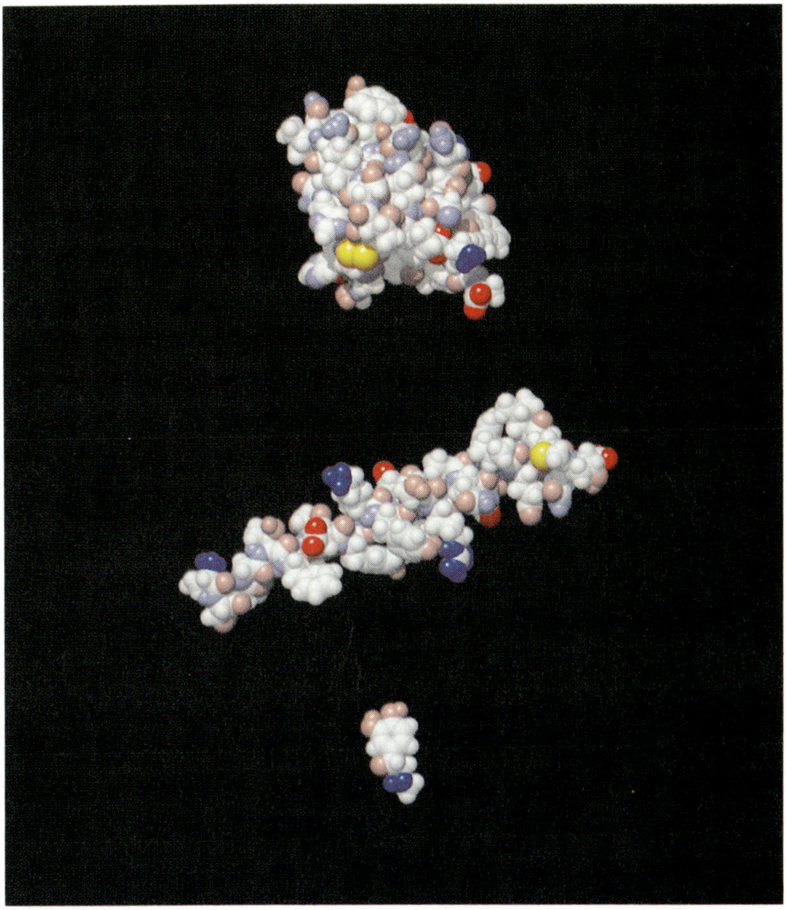

Tafel 12 Calmodulin

Calmodulin ist ein kleines Protein, das die Calciumkonzentration in tierischen Zellen mißt. Calcium hat an vielen Stellen unseres Körpers Signalfunktion. Es wird in unser Blut abgegeben, wenn unsere Energiezufuhr niedrig ist, und wirkt lokal bei der Signalübertragung der Nerven und der Muskelkontraktion mit. Zur Übertragung dieser Nachrichten werden winzige Calciummengen verwendet, daher müssen die Proteine, die die Signale empfangen, eng an die einzelnen Calciumionen binden.

Viele calciumbindende Proteine sind hantelförmig und besitzen vier Bindungsstellen für Calcium, zwei an jedem Ende. Die Großaufnahme unten zeigt eine der Bindungsstellen. Man erkennt die Anhäufung (Cluster) negativ geladener Gruppen, die das Calciumion (grün) von allen Seiten festhalten und einen Oktaeder bilden. (Oben: 10.000.000fach vergrößert, unten: 30.000.000fach)

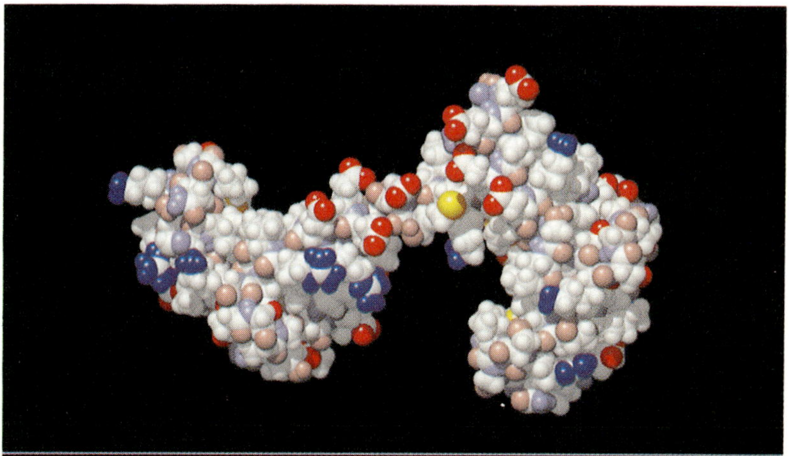

Tafel 13 DNA-bindende Proteine

Die Proteinsynthese wird zum Teil durch Repressor-Proteine kontrolliert, die direkt an die DNA-Doppelhelix binden und der Polymerase, die RNA herstellt, praktisch den Zugang verwehrt. Diese Proteine erkennen eine bestimmte DNA-Sequenz und blockieren meist einen Abschnitt von 10 bis 20 Basenpaaren.

Repressor-Proteine wirken wie ein molekularer Schalter, mit dem die Synthese eines bestimmten Proteins nur dann angeknipst wird, wenn die Zelle dieses Protein benötigt. Das Repressor-Protein mißt die Konzentration eines Nährstoffs in der Zelle. Bei niedriger Konzentration bleibt das Repressor-Protein an die DNA gebunden und blockiert so die Synthese der Proteine, die für den Abbau des Nährstoffs nötig sind. Stößt die Zelle jedoch auf eine größere Menge eines Nährstoffs, so führt das zu einer Konformationsänderung im Repressor-Protein, das daraufhin von der DNA abfällt. Dann wird Messenger-RNA erzeugt und in das jeweilige Protein übersetzt, das für den Nährstoffabbau zuständig ist (10.000.000fach vergrößert)

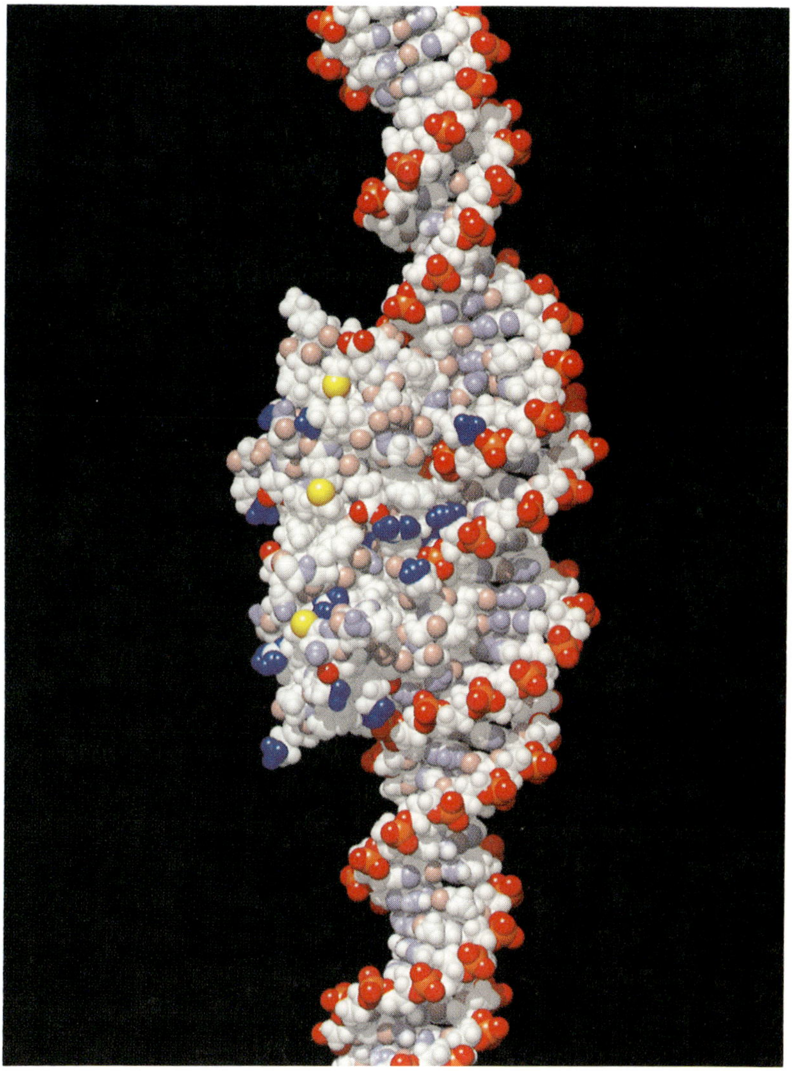

Tafel 14 Antikörper

Antikörper nehmen einen zentralen Platz in unserem Immunsystem ein, indem sie Fremdstoffe in unserem Körper als solche erkennen. Antikörper zirkulieren in unserem Blut und binden an unerwünschte Moleküle, zum Beispiel die von Viren und Bakterien. Dann werden die mit Antikörpern markierten Eindringlinge von bestimmten Zellen in unserem Blut verschlungen und verdaut.

Antikörper sind Y-förmige Proteine mit zwei identischen Bindungsstellen für Fremdmoleküle an beiden Enden ihrer Y-förmigen Arme (oben, grün dargestellt; das andere Ende befindet sich außerhalb des rechten Bildrandes). Das ganze Molekül ist flexibel; die Arme können sich verbiegen, damit der Antikörper die entsprechenden Stellen auf der Oberfläche einer eingedrungenen Zelle finden kann. Antikörper sind außerordentlich sensibel für winzige Strukturunterschiede. Unser Körper erzeugt schätzungsweise eine Million verschiedener Antikörper, die alle eine ähnliche Form haben, aber jeweils an ein anderes Molekül binden können. (10.000.000fach vergrößert)

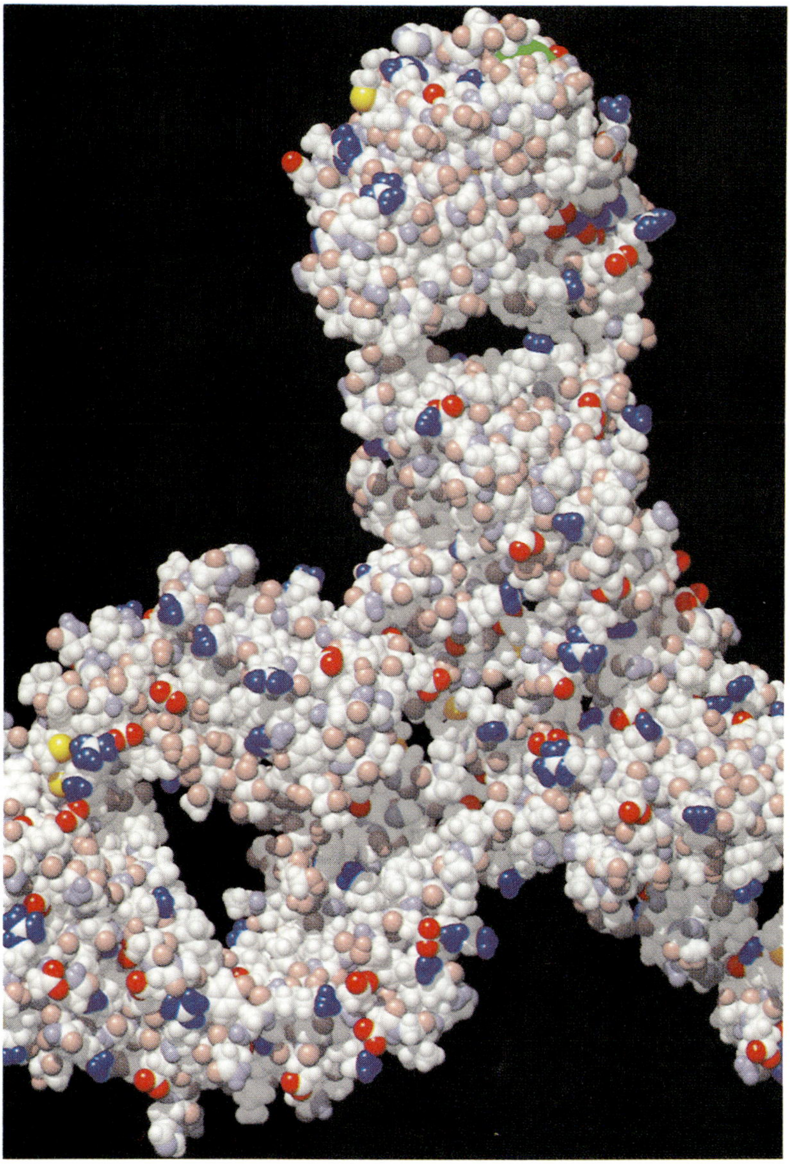

Tafel 15 Photosynthese-Reaktionszentrum

Das moderne Leben auf der Erde wird von Proteinkomplexen, ähnlich diesem Photosynthese-Reaktionszentrum, ermöglicht. Photosysteme befinden sich eingebettet in der Membran von Pflanzen und photosynthetischen Bakterien (die grünen Linien kennzeichnen den innerhalb der Membran befindlichen Abschnitt). Indem sie die Sonnenenergie in eine chemisch nutzbare Form bringen, erschließen die Photosysteme die Hauptenergiequelle der modernen Lebensformen. Pflanzenzellen fangen die Energie der Sonne ein, um sie für ihre Ernährung und ihren Strukturaufbau zu verwenden. Beinahe alle anderen Organismen nutzen diese Energie für ihre eigenen Aktivitäten und ihr Wachstum, entweder indem sie Pflanzen direkt als Nahrung zu sich nehmen, oder als Teil eines Geflechts von Räuber-Beute-Beziehungen, in dessen Zentrum letztendlich die Pflanzenfresser stehen. (10.000.000fach vergrößert)

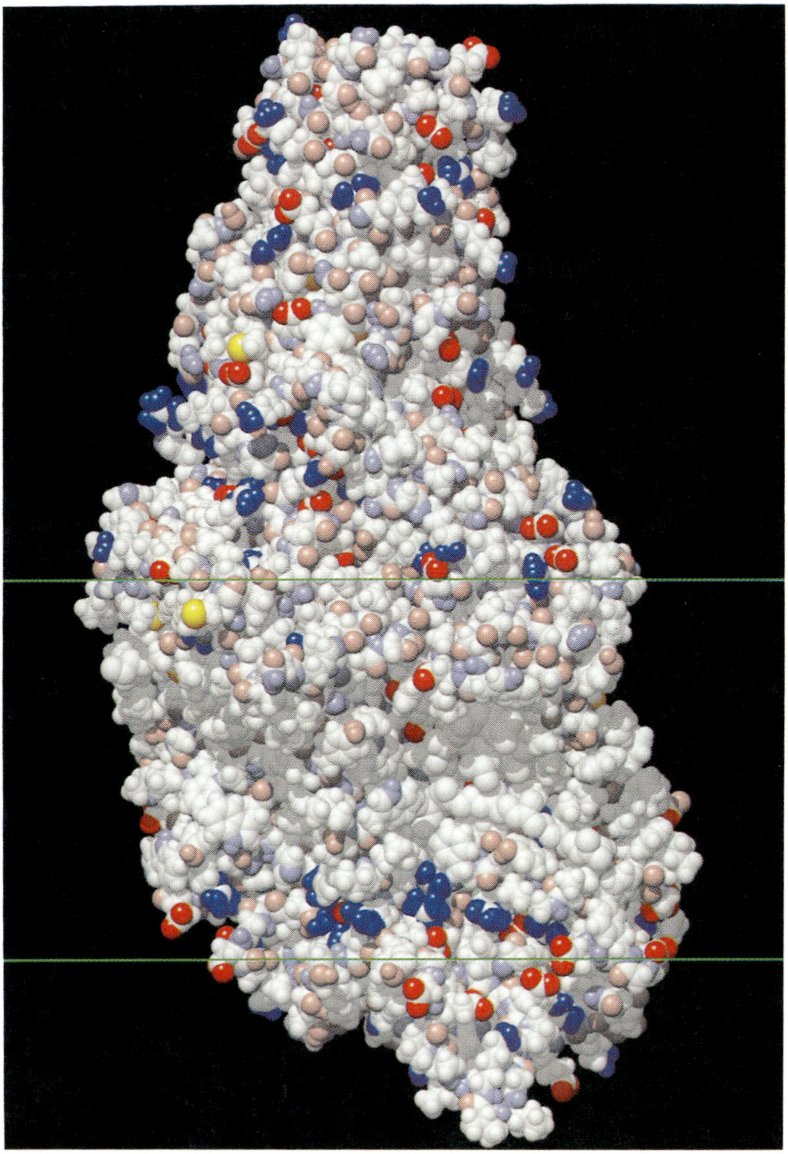

Tafel 16
Photosynthese-Reaktionszentrum (Fortsetzung)

Mit Hilfe von Molekülen, die eine Elektronentransportkette bilden, – darunter Häm-Moleküle (oben, Eisen ist grau dargestellt) und Chlorophyllmoleküle (Mitte, Magnesiumatome grün dargestellt) – wird die Energie eines Licht-Photons dazu genutzt, Wasserstoffionen durch eine Membran zu pumpen (in dieser Abbildung von unten nach oben). Die elektrisch geladene Membran wird dann von anderen Enzymen zur ATP-Erzeugung genutzt. (10.000.000fach vergrößert)

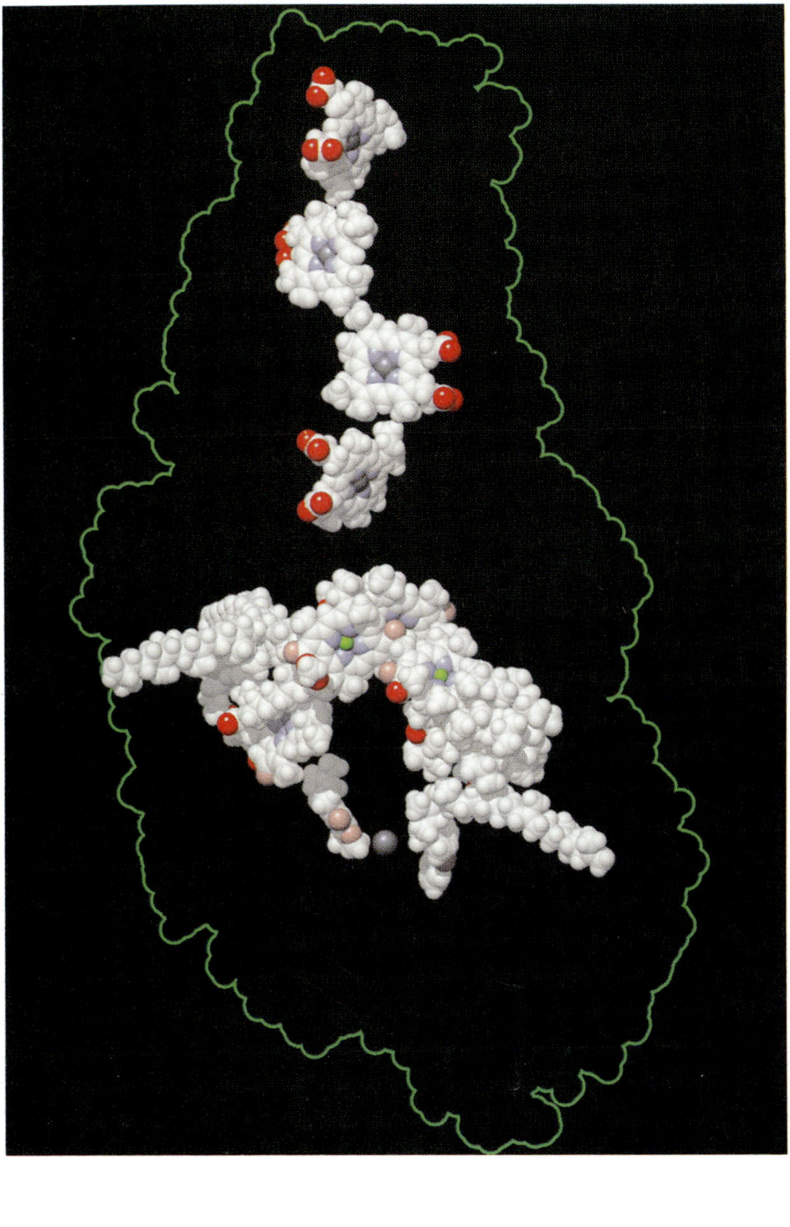

Teil II
Die Moleküle in der Zelle

Die Organismen, die die Erde bevölkern, sind sich – trotz all ihrer Verschiedenheit – bei einmillionenfacher Vergrößerung bemerkenswert ähnlich. Sie alle haben molekulare Maschinen aus Protein, Nucleinsäure, Lipid und Polysaccharid, die an alle nur denkbaren Bedürfnisse angepaßt sind.

4 *Escherichia coli* – eine der einfachsten Zellen

Escherichia coli – ein Bakterium, das unseren Darmtrakt bewohnt – zeichnet sich dadurch aus, daß es von allen in der Wissenschaft bekannten Organismen biochemisch am besten erforscht ist. Seit seiner Entdeckung durch Escherich im Jahre 1885 ist es eines der zentralen Forschungsobjekte der Biochemie; das liegt zum Teil daran, daß dieses Bakterium allgemein verfügbar und leicht zu züchten ist, zum Teil war es reiner Zufall. *Escherichia coli* hat bei vielen bahnbrechenden Entdekkungen in der Biochemie eine wichtige Rolle gespielt: beim genetischen Code, bei der Glycolyse und bei der Steuerung der Proteinsynthese. In einem Kompendium zur Molekularbiologie von *Escherichia coli* heißt es: »Nicht jedem ist es bewußt, aber alle Zellbiologen interessieren sich für zwei Zellen – ihr eigenes Forschungsobjekt und *Escherichia coli*!«*

Die einzelnen *Escherichia-coli*-Zellen sind klein und langgestreckt (Abb. 18). Unter sehr günstigen Bedingungen erreichen sie eine Länge von etwa vier Mikrometern; unter schlechten Bedingungen werden sie nur etwa halb so groß. Unter dem Lichtmikroskop kann man sie mit ihrem charakteristischen »Schwimm-und-Taumel«-Bewegungsmuster, das in Kapitel 3 beschrieben wurde, durch ihr Medium schwimmen sehen. Unter dem Elektronenmikroskop, das beinahe die Auflösung ermöglicht, die notwendig wäre, um einzelne Moleküle zu sehen, sind viele morphologische Einzelheiten erkennbar. Von der Zelloberfläche stehen etwa zehn lange, schraubenförmige Geißeln

---

* Schaechter M, Neidhardt FC (1987) In: Escherichia coli and Salmonella typhimurium: Cellular and Molecular Biology (Neidardt FC, editor). Washington, DC: American Society for Microbiology, p. 23

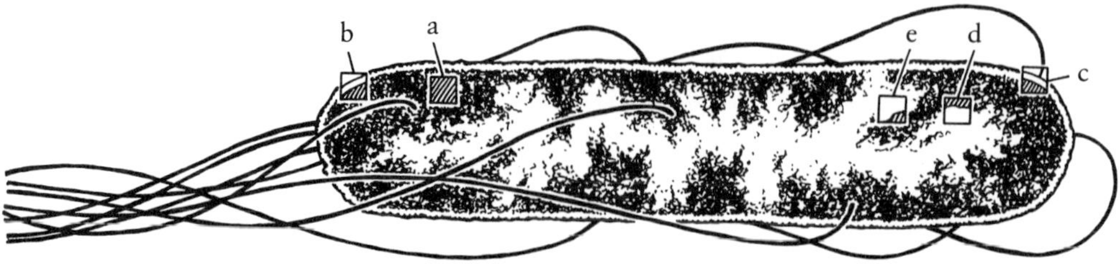

Abb. 18. *Escherichia coli.* Die fünf mit Kästchen markierten Abschnitte werden auf den folgenden Seiten als Detailvergrößerung dargestellt. *a* Cytoplasma. *b* Zellwand. *c* Zellwand mit Geißel. *d* Kernzone. e Kernzone während der DNA-Replikation. (30.000fach vergrößert)

ab – die Propeller der Zelle. Der Zellkörper ist von einer festen Zellwand umgeben, die aus mehreren konzentrischen Schichten besteht. Im Innern liegt das Cytoplasma, das im Elektronenmikroskop aufgrund der dichtgepackten Ribosomen und Proteine körnig erscheint. Ganz in der Mitte befindet sich eine weniger ausgefüllte Zone, in der die DNA der Zelle gelagert wird.

Die Abbildungen auf den folgenden Seiten zeigen fünf kleine quadratische Ausschnitte aus einer gewöhnlichen *Escherichia-coli*-Zelle bei einmillionenfacher Vergrößerung. Diese simulierten Zellansichten zeigen die Größe, Form und Anordnung einzelner Moleküle bei der Erfüllung ihrer vielfältigen Aufgaben in der Zelle.

Das Cytoplasma

Bakterielles Cytoplasma ist eine Suppe aus durcheinanderwimmelnden Molekülen. Der in Abb. 19 dargestellte Würfel mit 100 Nanometern Kantenlänge enthält ca. 450 Proteine, 30 Ribosomen, 340 tRNA-Moleküle und mehrere lange mRNA-Moleküle. Zwischen diesen großen molekularen Maschinen zirkulieren Tausende von kleinen Molekülen: 30.000 kleine organische Moleküle – darunter Aminosäuren, Nucleotide, Zucker, ATP, NAD und eine Unmenge anderer – und 50.000 Ionen. Der verbleibende Raum, etwa 70% des Volumens, ist mit Wasser gefüllt, das die ganze Molekülansammlung umspült und gleitfähig hält. (Die kleinen Moleküle sind nur in der rechten oberen Ecke von Abb. 19 dargestellt. Ansonsten wurden sie in diesem Buch der Übersichtlichkeit halber weggelassen.)

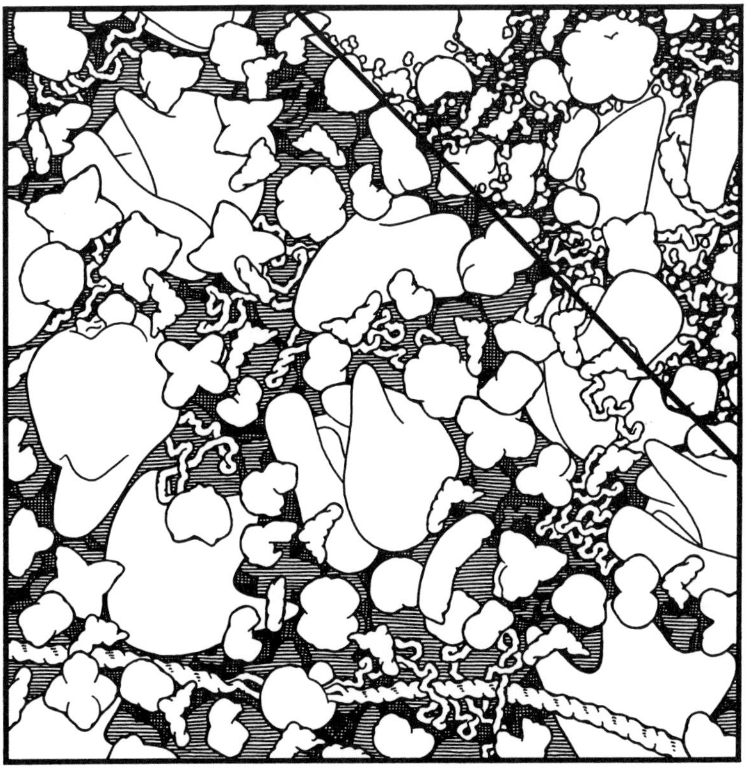

Abb. 19. Cytoplasma. Das Cytoplasma von *Escherichia coli* enthält eine komplexe Mischung aus Proteinen, Nucleinsäuren und kleinen Molekülen. Der Übersichtlichkeit halber wurden die kleinen Moleküle hier nur in der rechten oberen Ecke eingezeichnet; auf den übrigen Abbildungen sind nur Proteine, Nucleinsäuren, Lipide und Polysaccharide dargestellt. Unten wird gerade ein DNA-Strang auf mRNA überschrieben, und dieser wird von den dichtgepackten Ribosomen sofort in neue Proteine übersetzt. Zwischen den Ribosomen sind Proteine von unterschiedlicher Form und Größe damit beschäftigt, kleine Moleküle zur Energiegewinnung zu spalten und neue Moleküle aufzubauen, damit die Zelle wachsen kann. Natürlich befinden sich all diese Moleküle in schneller, chaotischer Bewegung und sind hier quasi im Standbild festgehalten. Erinnern Sie sich an die überfüllte Abflughalle, von der in der Einführung die Rede war.

Mitten in diesem Getümmel laufen zwei zentrale Funktionen ab. Mehr als die Hälfte der molekularen Maschinen sind aktiv an der Synthese neuer Proteine beteiligt. Ribosomen, die Antriebsmotoren der Proteinsynthese, beherrschen das Bild. Messenger-RNA bildet einen in sich gewundenen Pfad zwischen den Ribosomen, umgeben von den 20 Typen von tRNA-Molekülen. Von den etwa vierhundert Proteinmolekülen in jedem 100-Nanometer-Würfel ist etwa ein Viertel an der Proteinsynthese beteiligt; sie laden Aminosäuren auf die tRNA und überwachen die verschiedenen Stufen, bei denen jeweils eine Aminosäure an ein neues Protein angefügt wird.

Die übrigen Proteine sind hauptsächlich mit der Energieerzeugung beschäftigt. Zu etwa einem Viertel sind dies die Enzyme der Glycolyse; ein weiteres Viertel machen die Enzyme des Zitronensäurezyklus aus. Das verbleibende Viertel besteht aus einem bunten Sortiment von Enzymen, die eine Vielzahl von Auf- und Abbaufunktionen erfüllen. Sie kommen normalerweise in weit niedrigerer Konzentration vor als die Moleküle der Proteinsynthese und der Energieerzeugung. Stößt die Zelle jedoch auf eine reichhaltige Quelle eines bestimmten Nahrungsmoleküls wie z.B. Lactose, so kann die Zelle rasch eine große Anzahl der drei oder vier Abbauenzyme bilden, die für die Ausnutzung der Nahrung notwendig sind. Im Normalfall jedoch wären diese Enzyme in der Zelle wohl kaum erkennbar.

Die Zellwand

Die Zellwand von *Escherichia coli* setzt sich aus mehreren Schichten zusammen, die das Zellinnere stufenweise von der Außenwelt abschotten (Abb. 20). Die äußere Membran bildet einen Schutzwall, wenn sie auch einige Schlupflöcher enthält. Es handelt sich um eine Lipid-Doppelschicht, deren Außenseite hauptsächlich aus speziellen Lipopolysacchariden gebildet wird. Wie der Name schon sagt, sind Lipopolysaccharide Zwittermoleküle aus Lipiden, die durch einige lange Polysaccharidfäden miteinander verbunden sind. Das Lipid ist in der Membran verankert, während die Polysaccharidketten in die umgebende Flüssigkeit hineinragen und eine klebrige Schutzschicht bilden. Die Innenseite der Membran besteht aus typischen Lipiden.

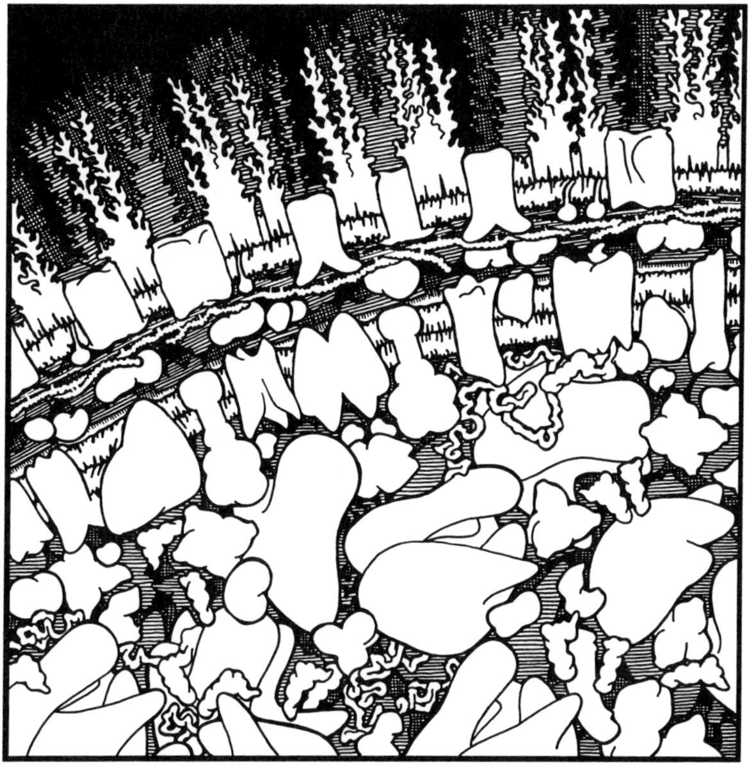

Abb. 20. Zellwand. Die Zellwand von *Escherichia coli*, hier im Querschnitt zu sehen, setzt sich aus mehreren konzentrischen Schichten zusammen. Oben befindet sich das Wasser außerhalb der Zelle, schwarz dargestellt, und unten das enggepackte Cytoplasma. Die Zellwand hat von oben nach unten (von außen nach innen) folgende Schichten: die äußere Membran mit ihren klebrigen Polysacchariden, die nach außen ragen, und mit Porinporen, die die Doppelschicht durchziehen; die dünne Schicht aus quervernetzten Peptidoglucansträngen, die über kleine Lipoproteine mit der äußeren Membran in Verbindung stehen; der Zwischenmembranraum, der ein paar kleine Proteine enthält; und die komplexe innere Membran, die mit vielen verschiedenen Proteinen besetzt ist. (1.000.000fach vergrößert)

Die äußere Membran ist jedoch nicht völlig undurchlässig, denn es müssen ja Nahrungspartikel in die Zelle hineingelangen können. Die Membran wird von Porinmolekülen durchzogen, Proteinen, deren einzige Funktion darin besteht, ein Loch in der Membran zu bilden. Bakterienzellen geben Verdauungsenzyme in den sie umgebenden Raum ab, die Nahrungsstoffe in kleine Bruchstücke aufspalten. Die Löcher im Porin sind gerade so groß, daß die Nahrungspartikel in die Zelle gelangen können, aber klein genug, um die Maschinen der Zelle im Innern zu halten.

Unmittelbar an der Innenseite der äußeren Membran befindet sich eine harte Peptidoglucan-Schicht, ein Film aus vernetzten Polysacchariden und Protein. Diese netzartige Hülle umschließt die ganze Zelle und hält sie in der richtigen Form. Die äußere Membran ist über Lipoproteine mit der Peptidoglucan-Schicht fest verbunden; Lipoprotein ist ein weiteres zwitterartiges Molekül; es besteht aus einem kleinen Protein, das über eine Aminosäure mit einem Lipid verbunden ist. Das Lipid steckt in der Membran, während das Protein in der Peptidoglucan-Schicht verankert ist. Lipoprotein dient als Adapter zwischen der hydrophoben Lipidmembran und dem hydrophilen Zucker-Proteinmolekül Peptidoglucan. Nach innen hin folgt nach der Peptidoglucan-Schicht der Zwischenmembranraum, gerade breit genug, um ein paar Proteinen Platz zu bieten. Hier befinden sich Enzyme, die die Verdauung aufgenommener Nahrungspartikel fortsetzen. Andere Proteine nehmen jeweils ein bestimmtes Bruchstück dieses verdauten Materials auf – etwa einen bestimmten Zucker oder eine Aminosäure – und liefern es an der inneren Membran ab, von wo es nach innen ins Cytoplasma transportiert wird. Die Proteine, die den Duft der Nahrung wahrnehmen, befinden sich ebenfalls an dieser Stelle; sie überwachen die Nährstoffkonzentration und geben den Geißelmotoren Anweisung, die Rotationsrichtung zu wechseln, wenn eine Taumelphase angezeigt ist.

Die innere Schicht der Zellwand ist die Cytoplasma- oder innere Membran. Sie besteht knapp zur Hälfte aus Lipid; der Rest ist ein vielfältiges Sortiment aus Proteinen, die in die Membran eingebettet sind oder sie in ihrer ganzen Breite durchdringen. Manche sind leistungsfähige Pumpen-Proteine, die bestimmte Moleküle in die Zelle hinein- und aus ihr heraustransportieren, je nachdem, was gerade erforderlich ist. Eine Pumpe

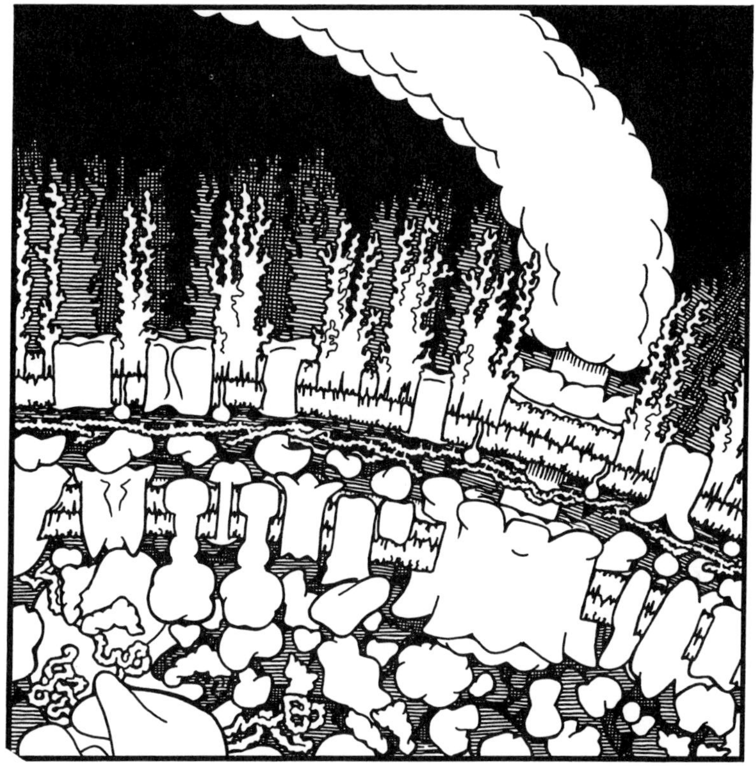

Abb. 21. Geißel und Geißelmotor. Die etwa zehn Geißeln werden von Geißelmotoren zum Rotieren gebracht, die *Escherichia-coli*-Zellen mit einer Geschwindigkeit von 10-20 Mikrometern pro Sekunde vorantreiben. Jeder Motor besteht aus einem großen Proteinkomplex, der durch die gesamte Zellwand reicht; hier im Querschnitt zu sehen. Die Geißel würde bei diesem Vergrößerungsmaßstab 50 bis 100mal so lang sein wie die Abbildung. (1.000.000fach vergrößert)

bringt Natrium aus der Zelle heraus und Kalium hinein. Eine andere nimmt von einem Aufräumungs-Protein im Zwischenmembranraum ein Zuckermolekül entgegen und bringt es ins Zellinnere, ein Vorgang, für den Energie erforderlich ist. Eine komplexe Pumpe bindet die Ribosomen auf der Cytoplasmaseite und schleust neue, für den Zwischenmembranraum bestimmte Proteine durch die Membran.

Abgesehen davon, daß durch die innere Membran Stoffe in die Zelle hinein- und wieder herausgeschleust werdem, spielt sie auch eine Rolle bei der Energieerzeugung. Die oxidative Phosphorylierung (wie in Kapitel 3 beschrieben) erfordert eine

Membran, die zwei Reaktionsräume (Kompartimente) voneinander abtrennt. Bei Bakterien sind diese beiden Reaktionsräume das Cytoplasma und der Zwischenmembranraum. Wasserstoffionen werden vom Cytoplasma in den Zwischenmembranraum gepumpt, von innen nach außen, wodurch sich die Membran aufläd. Die Zelle nutzt dann den energetisch günstigen Prozeß des Ionenrückflusses, um ATP zu erzeugen oder den Richtungswechsel des Geißelschlags anzutreiben.

Die etwa zehn beliebig angeordneten Geißeln sind das eindrucksvollste Element der Zellwand (Abb. 21). Jede ist an ihrer Basis mit einem Motor-Komplex verbunden, der durch die gesamte Zellwand reicht und in leicht schraubenförmiger Krümmung 5 bis 10 Mikrometer in das umgebende Wasser hineinragt. Der Motor läßt die Geißel jeweils in eine Richtung rotieren, im Uhrzeigersinn oder gegenläufig. Die Rotation wird von der Ladung der inneren Membran angetrieben, ähnlich wie bei der Photosynthese und der oxidativen Phosphorylierung. Die Energie, die dadurch gewonnen wird, daß etwa tausend Wasserstoffionen ins Cytoplasma zurückfließen dürfen, wird jeweils in eine Rotation der Geißel umgesetzt.

Die Kernzone

Die Bibliothek der Zelle befindet sich tief in ihrem Innern. Die DNA von *Escherichia coli* liegt zusammengefaltet in einem kleinen Kernbereich im Mittelpunkt der Zelle (Abb. 22). Fast alle Proteine sind in einem großen ringförmigen DNA-Molekül mit einem Durchmesser von etwa einem halben Millimeter kodiert. Bakterien enthalten außerdem Plasmide, kleine DNA-Ringe, die jeweils zwei oder drei Proteine kodieren. Plasmide können leicht zwischen einzelligen Bakterienzellen ausgetauscht und gelegentlich auch auf andere Bakterientypen übertragen werden. Plasmide kodieren häufig Proteine, die die Zelle resistent gegen Arzneistoffe machen. Deshalb kann der offensichtliche Vorteil – Resistenz gegen Antibiotika – sich in einer Bakterienpopulation ganz leicht ausbreiten.

Der einen halben Millimeter große Ring muß in der Mitte der Zelle in einen Raum hineingequetscht werden, der weniger als ein Hundertstel seines Durchmessers ausmacht. Dies wird durch das Protein HU ermöglicht. Die DNA wickelt sich um

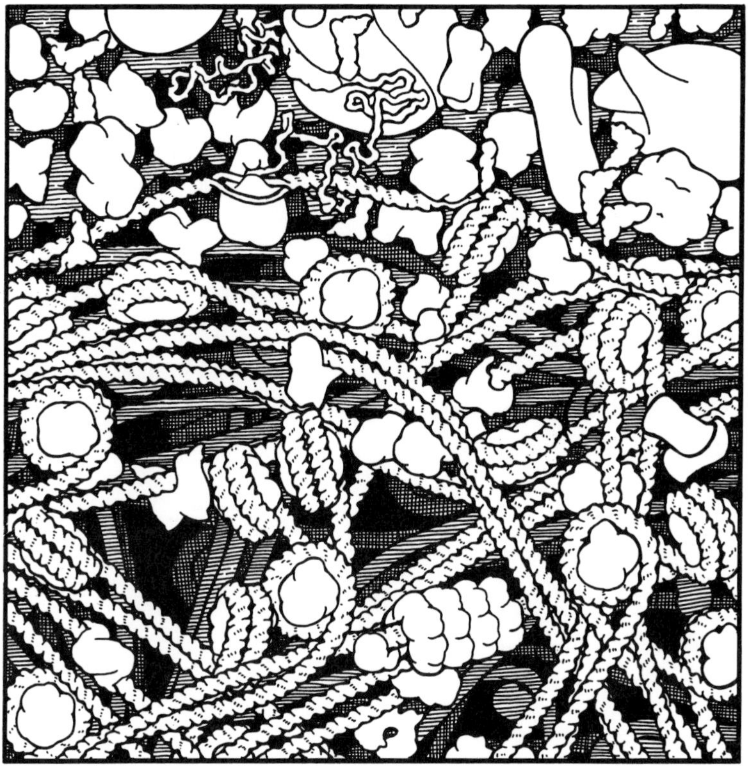

Abb. 22. Kernzone. Die Kernzone enthält einen einzelnen, langen DNA-Ring, der um HU-Proteine herumgewickelt und -gezwirnt wird. Das Cytoplasma und die Kernzone sind nicht wie in den Zellen des Menschen durch eine physische Barriere getrennt. Die Kernzone ist relativ frei von Proteinen, weil die enggepackten DNA-Stränge wie ein Sieb wirken, das die Ribosomen und Proteine im Cytoplasma zurückhält. (1.000.000fach vergrößert)

HU-Kerne herum, preßt sich dabei fest zusammen und ändert mehrmals seine Richtung. Diese kleinen Knäuel lassen sich leicht wieder auseinanderwickeln, so daß die DNA ganz nach Bedarf verpackt und wieder ausgepackt werden kann.

Die Kernzone ist nicht so eng mit Proteinen vollgepackt wie das Cytoplasma, es treten dort jedoch verschiedene DNA-bindende Proteine auf. Diese Proteine setzen sich auf die DNA und blockieren die Synthese von mRNA (siehe Farbtafel 13). Ihre Aufgabe besteht darin, einen bestimmten DNA-Abschnitt so lange auf Lager zu halten, bis das Protein gebraucht wird, das dieser Abschnitt kodiert. Gelangt die Zelle beispielsweise in

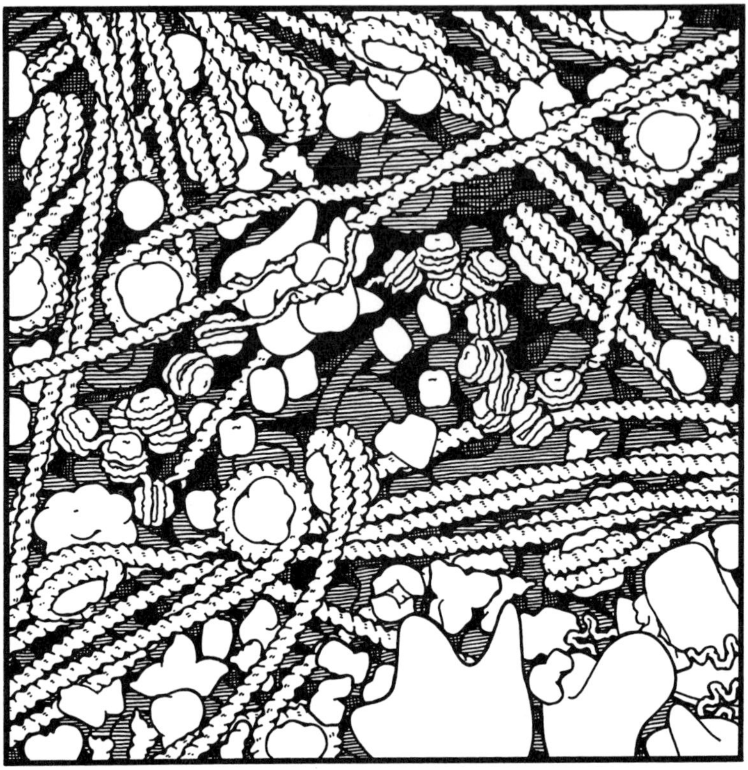

Abb. 23. Die DNA-Replikation. Die DNA wird von dem Enzym-Komplex DNA-Polymerase verdoppelt, der hier in der Mitte zu sehen ist. Die DNA-Doppelhelix wird auseinandergewickelt, und zu jedem Ausgangsstrang wird komplementär ein neuer Strang aufgebaut. Die vorübergehend freiliegenden Einzelstränge werden von kleinen Proteinen geschützt, die die Einzelstränge an sich binden. (1.000.000fach vergrößert)

eine Region, in der große Mengen des Zuckers Lactose vorhanden sind, so mißt das Lactose-Repressor-Protein den Anstieg der Lactose-Konzentration und fällt buchstäblich von der DNA ab. Damit ist der Weg frei, um die Information von diesem DNA-Abschnitt auf Messenger-RNA zu überschreiben und die Enzyme, die zur Lactose-Verwertung benötigt werden, zu synthetisieren. Oft wird der gesamte Vorgang bei der Messung der Konzentration eines Nährstoffs wie Lactose pro Zelle von einem einzigen Exemplar des Proteins übernommen.

Unter idealen Bedingungen, bei Nährstoffreichtum und geringer Populationsdichte, können sich *Eschericha coli*-Zellen in knapp dreißig Minuten reproduzieren. In dieser Zeit verdoppelt die Zelle alle Bestandteile ihres Zellkörpers: Ribosomen, Proteine, die Bestandteile der Zellwand und alles übrige. Die Zelle schnürt zwei Hälften ab und bildet zwei identische Zellen, die sich beide innerhalb einer weiteren halben Stunde reproduzieren können. Das zentrale Element der Zellteilung ist die Verdopplung der genetischen Information der Zelle. Der ringförmige DNA-Strang wird mit Hilfe von DNA-Polymerase verdoppelt. Dieser Enzymkomplex zieht die Doppelhelix auseinander und baut für jede Hälfte ein komplementäres Gegenstück auf, so daß zwei Tochter-Ringe entstehen (Abb. 23). Die Replikation beginnt an einer Stelle des Rings, schreitet gleichzeitig in beide Richtungen fort und endet auf der gegenüberliegenden Seite.

Die DNA-Replikation ist sehr effizient. In jeder Sekunde werden etwa achthundert neue Nucleotide angefügt; damit dauert es etwa fünfzig Minuten, bis sich der gesamte Ring aus 4.720.000 Nucleotiden verdoppelt hat. Da sich aber *Eschericha coli*-Zellen unter günstigen Bedingungen alle halbe Stunde teilen, ist nicht genug Zeit, um den gesamten DNA-Vorrat vor jeder Teilung zu verdoppeln. *Escherichia coli* löst dieses Problem, indem das Bakterium neue DNA-Verdopplungsvorgänge einleitet, noch bevor die vorherige Runde beendet ist. Wenn nach einer Verdopplungsrunde die beiden Ringe auseinanderfallen, hat jeder der neu gebildeten Ringe bereits zur Hälfte eine zweite Verdopplungsrunde durchlaufen. Bakterienzellen sind wirklich gut dafür ausgerüstet, sich ihre Umwelt in Windeseile nutzbar zu machen!

5 Bäckerhefe: Vorteile der Kompartimentierung

In der Geschichte der Zellen war vor etwa 1,5 Milliarden Jahren ein Wendepunkt erreicht. Einfache, bakterienähnliche Organismen hatte es schon seit mindestens 2 Milliarden Jahren gegeben; nun trat ein völlig neues Modell des Zellkörpers auf. Die neuen Zellen enthielten kleine, voneinander getrennte Funktions- oder Reaktionsräume. Jedes dieser Kompartimente war von einer wasserdichten Lipid-Doppelschicht umhüllt. Die Aufteilung des Zellinnern in Kompartimente hat erhebliche Vorzüge: Die verschiedenen Zellfunktionen können jeweils an einer ganz bestimmten Stelle ausgeführt werden. Alle bei der Transkription oder der oxidativen Phosphorylierung eingesetzten Maschinen können an einem Ort konzentriert werden, was effizientere Abläufe und eine bessere Feinabstimmung ermöglicht.

Die Kompartimentierung stellte in der Evolution der Zellen einen wichtigen Durchbruch dar; es bildeten sich zwei unterschiedliche Entwicklungslinien heraus. Die einfachen Zellen, deren molekulare Maschinen in einem einzigen Kompartiment zusammengewürfelt waren, sind die Vorläufer der modernen Bakterien wie *Escherichia coli* aus dem vorigen Kapitel. Die neuen, in Funktionsräume aufgeteilten Zellen stellen den Ursprung aller anderen Lebensformen dar – von winzigen Protozoen (einzelligen Urtierchen) bis hin zu den Säugern, zu denen auch der Mensch gehört, und den höchsten Bäumen. Wir teilen heute die modernen Lebensformen in zwei Grundtypen ein. Die einfachen, nicht kompartimentierten Bakterien nennt man *Prokaryonten*. Die komplexen, kompartimentierten Zellen werden als *Eukaryonten* bezeichnet. (Prokaryont bedeutet »vor dem Kern« und Eukaryont »echter Kern«; mit dem Kern ist das

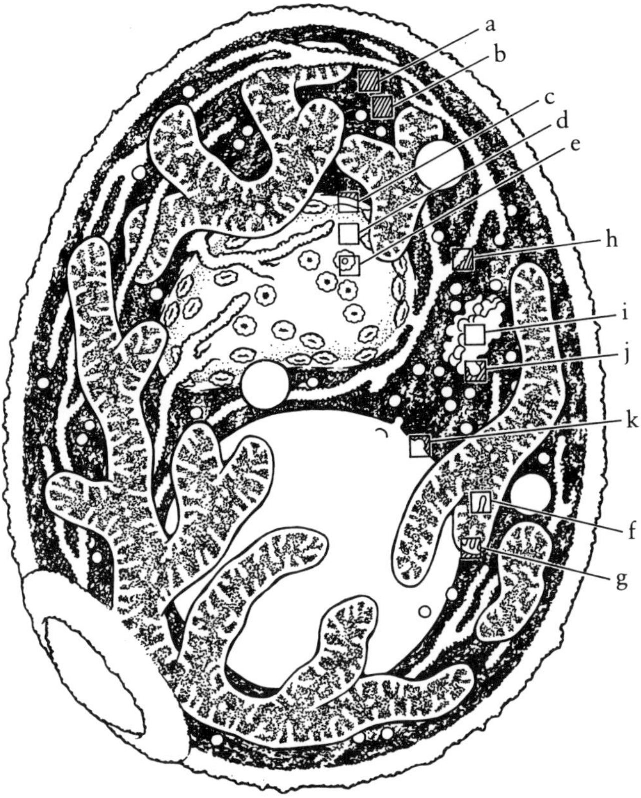

Abb. 24. Bäckerhefe. Die elf mit Kästchen gekennzeichneten Abschnitte dieser typischen Hefezelle werden auf den folgenden Seiten in der Detailvergrößerung gezeigt. *a* und *b* Cytoplasma. *c* Kernmembran. *d* Kernmatrix. *e* Kernpore. *f* und *g* Mitochondrium. *h* Endoplasmatisches Reticulum. *i* Golgi-Apparat. *j* Coated Vesicle. *k* Vakuole. Die kraterförmige Struktur links unten ist eine Knospungsnarbe, die bei der Trennung der Zelle von ihrer Mutterzelle entstanden ist. (25.000fach vergrößert)

leicht zu erkennende Kompartiment in der Mitte, der Nucleus oder Zellkern, gemeint.)

Die Bäckerhefe, *Saccharomyces cerevisiae*, gehört zu den einfachsten Eukaryonten (Abb. 24). In der Wissenschaft sowie in der Wirtschaft hat sie eine bewegte Geschichte hinter sich. Schon in prähistorischer Zeit wurde Hefe als Treibmittel beim Brotbacken und zum Brauen alkoholischer Getränke verwendet. Hefezellen gehörten zu den ersten mikroskopisch kleinen »Tierchen«, die Ende des siebzehnten Jahrhunderts Antonie Van Leeuwenhoek mit Hilfe der von ihm erfundenen Mikroskope entdeckte; damit erschloß er sich eine ganz neue Welt mikroskopisch kleiner Lebensformen. Als zu Beginn des neunzehnten Jahrhunderts der Grundstein für die Biochemie gelegt wurde, entbrannte im Zusammenhang mit der Hefe ein heißer Disput: Es ging um die Frage, ob Gärung wirklich durch Lebewesen hervorgerufen wird. Diese Meinung wurde von den Vitalisten vertreten. Sie behaupteten, Hefezellen nähmen Zucker auf, ernährten sich von ihm und schieden Alkohol und Kohlendioxid als Abfallstoffe aus. Ebenso lautstark vertraten jedoch die Mechanisten die Meinung, Hefe sei lediglich ein chemischer Stoff und kein Lebewesen, das direkt auf die Zuckermoleküle einwirkt. Pasteur entschied die Frage schließlich zugunsten der Vitalisten, indem er eine Reihe sorgfältig kontrollierter Versuche durchführte. (Mit dem Begriff »Vitalismus« verbindet man übrigens heute etwas anderes, nämlich die Überzeugung, daß alle Organismen zusätzlich zu ihrem rein physikalisch-chemischen Körper eine »Lebenskraft« besitzen.)

Damit war der Meinungsstreit um die Hefe jedoch noch nicht beendet. Später entdeckten Forscher, daß eine Lösung aus kleingemahlener Hefe, in der die Zellen zerstört worden waren, immer noch Zucker vergären konnte. Man ging davon aus, daß eine chemische Substanz, die sogenannte »Zymase« für die Gärung verantwortlich sei. Man hielt die Hefe für eine Zelle, die lediglich Zymase abgab – ein neuer Sieg für das Lager der Mechanisten. Weitere Versuche zeigten jedoch, daß die Lösung aus gemahlener Hefe, verglichen mit der Gärung intakter Zellen, instabil war und daß ihre Wirkung schon nach kurzer Zeit nachließ. Die beobachtete Gärung kam nur dadurch zustande, daß die Bestandteile der Zelle jeweils ihre eigenen Aufgaben wahrnahmen, ohne daß dies mit den Lebensfunktionen Wachstum und Vermehrung verknüpft gewesen wäre – wie bei einem Huhn, das noch auf dem Hof herumläuft, nachdem man ihm den Kopf abgeschlagen hat. Damit hatte sich der vitalistische Ansatz, der die Hefe als etwas Lebendiges betrachtete, endgültig durchgesetzt.

Während die prokaryontische Bakterienzelle einfach aufgebaut ist – eine »Tüte voller Enzyme« –, enthält die eukaryontische Hefezelle komplexe Strukturen. Das Elektronenmikroskop zeigt uns einen großen Zellkern, in dem sich die DNA-Matrize der Zelle befindet und der von einer Doppelmembran umgeben ist, die in schönster Symmetrie von Porenproteinen durchbohrt wird. Wir sehen dicke, feinverästelte Mitochondrien, von zwei konzentrischen Membranen umhüllt und prallgefüllt mit Proteinen zur Energienutzung. Eine große, durchsichtige Vakuole (bei anderen Zellen Lysosom genannt), die mit einer wäßrigen Lösung von Verdauungsenzymen gefüllt ist, nimmt in der Zelle großen Raum ein. Das endoplasmatische Reticulum, mit Ribosomen zur Proteinherstellung besetzt, bildet ein feinverzweigtes Netzwerk aus Röhren und Scheiben, das sich durch die ganze Zelle zieht. Mit etwas Glück sehen wir einen kleinen Golgi-Apparat, einen Stapel tellerförmiger Kompartimente, in denen an neu gebildete Proteine Zuckermoleküle angefügt werden.

Natürlich hat diese ganze neuartige Struktur ihren Preis. Da Hefezellen nicht alle ihre Funktionen in einem einzigen Kompartiment, dem Cytoplasma, ausführen, wie dies bei Bakterien der Fall ist, brauchen sie einen komplizierten organisatorischen Überbau für Kommunikation und Transport. Die neu erzeugten Proteine müssen jeweils in ein bestimmtes Kompartiment gebracht werden. Außerdem ist die Zelle größer geworden und braucht eine spezialisierte Gruppe von Gerüstmolekülen, um ihr Gefüge abzustützen.

Das Cytoplasma

Das Cytoplasma der Hefe unterscheidet sich stark vom Cytoplasma der Bakterienzellen, denn da die Hefezellen größer sind, müssen sie stärker abgestützt werden, um ihre funtionelle Form zu behalten (Abb. 25). Die meisten Eukaryontenzellen haben dieses Problem dadurch gelöst, daß sie ein inneres Cytoskelett aus steifen Proteinfilamenten aufbauen. Das Cytoplasma der Hefe ist kreuz und quer von drei Haupttypen von Filamenten durchzogen: Das bei weitem häufigste Strukturelement ist das Actin. Actinfilamente laufen von einer Seite der Zelle zur anderen. Proteine mit so anschaulichen Bezeichnungen wie Filamin und Fimbrin verlaufen quer zu den Actinfilamenten und bilden so ein starkes Fasergeflecht, das der Zelle ihre genau festgelegte, und doch elastische Form verleiht.

Zwei weitere Filamenttypen ziehen sich durch die Zelle, allerdings sind sie seltener als die Actinfilamente: Senkrecht zu diesen verlaufen oft Intermediärfilamente – wie eine Kette zu

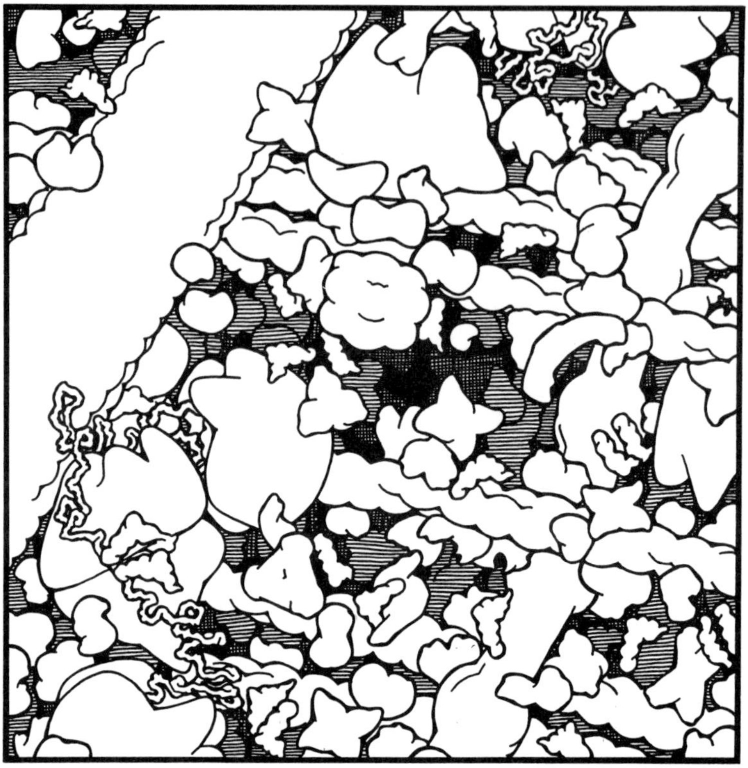

Abb. 25. Cytoplasma: Cytoskelett. Das Cytoplasma der Hefe ist kreuz und quer von strukturgebenden Filamenten durchzogen, die in ihrer Gesamtheit das Cytoskelett bilden. Die größten dieser Filamente sind die Microtubuli; einer verläuft links oben diagonal durch die Abbildung. Die kleinsten und häufigsten sind die Actinfilamente; mehrere davon verlaufen quer durchs Bild. Intermediärfilamente sind von mittlerer Größe; auf der rechten Seite verläuft ein solches Filament diagonal, etwa parallel zu dem Microtubulus. (1.000.000fach vergrößert)

einem Schußfaden aus Actin; sie sind größer als die Actinfilamente und haben eine charakteristische Rippenstruktur. Am größten und seltensten sind die Microtubuli. Sie sind die Eisenbahnschienen der Zelle: Die Proteine Kinesin und Dynein verbinden sich mit Microtubuli, wandern unter Ausnutzung von ATP als Energiequelle von einem Ende der Zelle zum anderen und ziehen dabei Vesikel hinter sich her.

Viele der Synthesereaktionen der Zelle finden in dem Netz aus Cytoskelettfilamenten statt. Die Maschinen für die Translation – Ribosomen, tRNA und tRNA-Synthetasen – bauen Pro-

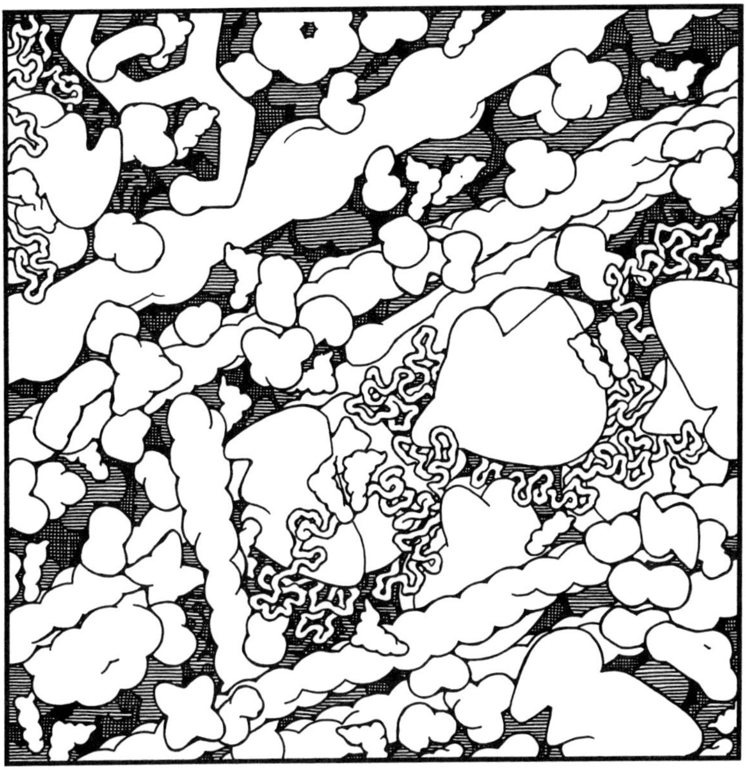

Abb. 26. Cytoplasma: Proteinsynthese. Im Cytoplasma laufen viele Synthesefunktionen ab. Wie bei den Bakterien ist die Hauptaufgabe die Synthese von Proteinen. Man erkennt, daß die Ribosomen im Cytoplasma der Hefe größer sind als die der Bakterien und daß sie sich in ihrer Form deutlich von ihnen unterscheiden. Oben links verläuft diagonal ein Intermediärfilament. (1.000.000fach vergrößert)

tein aus der mRNA ins Cytoplasma ein (Abb. 26). Anders als Prokaryonten-mRNA wird Eukaryonten-mRNA jedoch nicht im Cytoplasma hergestellt. Sie wird im Zellkern von der DNA transkribiert und zur Translation ins Cytoplasma gebracht. Die Mechanismen der Proteinsynthese bei der Hefe sind fast identisch mit denen bei Bakterien. Im Laufe der Evolution erfolgten ein paar Veränderungen; die auffälligste davon ist, daß sich größere Ribosomen entwickelt haben. Sie erfüllen jedoch noch genau die gleiche Funktion: die tRNA-Moleküle am mRNA-Strang entlang aufzureihen und Aminosäuren aneinanderzufügen.

Viele andere chemische Reaktionen erfolgen ebenfalls im Cytoplasma. Hier spielt sich die Glycolyse ab, der Beginn der Zuckeraufspaltung. Doch die späteren Schritte der Energieerzeugung – der Zitronensäurezyklus und die oxidative Phosphorylierung – vollziehen sich in der Abgeschiedenheit der Mitochondrien, und viele Schritte im Anfangsstadium der Verdauung erfolgen in der Vakuole. Im Cytoplasma werden Nucleotide und Aminosäuren synthetisiert. Hier laufen Reaktionen ab, die mit den spezialisierten Aufgaben der anderen Kompartimente nichts zu tun haben – die Alltagsreaktionen der Zelle, ihre Hausarbeit.

Die Mitochondrien

Mitochondrien sind die Kraftwerke der Eukaryontenzellen. Erstaunlicherweise sehen sie unter dem Mikroskop fast genauso aus wie vollständige *Escherichia-coli*-Zellen. Sie werden von zwei Membranen umschlossen (Abb. 27). Die äußere Membran, die das Innere des Mitochondriums vom Cytoplasma abtrennt, ist von Molekülen durchbohrt, die an das Porin bei Bakterien erinnern. Der Zwischenmembranraum enthält eine Vielzahl von Proteinen, ähnlich den Proteinen im Zwischenmembranraum von *Escherichia coli*. Die innere Membran, die bei Mitochondrien gefaltet und mehrfach geknickt ist, enthält die Proteine der oxidativen Phosphorylierung – die gleichen Proteine, die sich auch in die innere Membran von Bakterien eingebettet finden.

Die Mitochondrien halten noch weitere Überraschungen für uns bereit. Neben einer hohen Enzymkonzentration finden wir in ihrem Innern Ribosomen, DNA und tRNA (Abb. 28). Sie enthalten sämtliche molekularen Maschinen für den Aufbau neuer Proteine und sind damit von den im Cytoplasma befindlichen Maschinen unabhängig. Und was noch erstaunlicher ist, die Ribosomen sind kleiner als die im Cytoplasma und sehen eher wie bakterielle Ribosomen aus!

Diese auffälligen Ähnlichkeiten gaben den Anstoß zu einer interessanten Theorie über den Ursprung der Mitochondrien, die heute weitgehend anerkannt ist. Man geht davon aus, daß ein Ur-Bakterium vor mehreren Milliarden Jahren beschloß, sich im Innern einer anderen Zelle häuslich niederzulas-

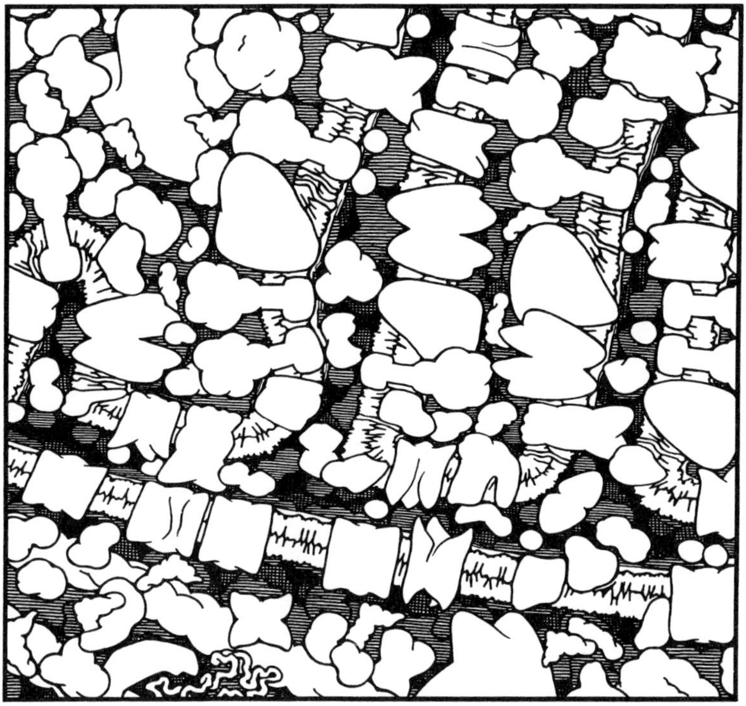

Abb. 27. Mitochondrien-Membran. Mitochondrien sind von zwei konzentrischen Membranen umgeben. In dieser Querschnittzeichnung verläuft ein Cytoplasmascheibchen durch den unteren Teil der Abbildung; direkt darüber liegt die äußere mitochondriale Membran, durchzogen von porenbildenden Proteinen. Darüber befindet sich die gefältelte innere Membran des Mitochondriums, die mit energieerzeugenden Proteinen besetzt ist. Links oben erkennt man ein Stück der mitochondrialen Matrix. (1.000.000fach vergrößert)

sen; vielleicht drang es als Parasit ein oder wurde verschluckt und überlebte. Das Bakterium vermehrte sich auch weiterhin im Innern der Zelle und gab jedesmal, wenn sich die Wirtszelle teilte, den Tochterzellen eine Kopie von sich mit. Allmählich wurde das verschluckte Bakterium immer abhängiger von der Wirtszelle und umgekehrt; sie teilten die lebensnotwendigen Aufgaben mehr und mehr unter sich auf. Das Bakterium spezialisierte sich auf die ATP-Erzeugung, und die Zelle konzentrierte sich auf das Erbeuten von Nahrung und die Auseinandersetzung mit der Umwelt. Dieses Bakterium, ursprünglich ein Eindringling, ist zwar heute als Mitochondrium mehr ein Partner

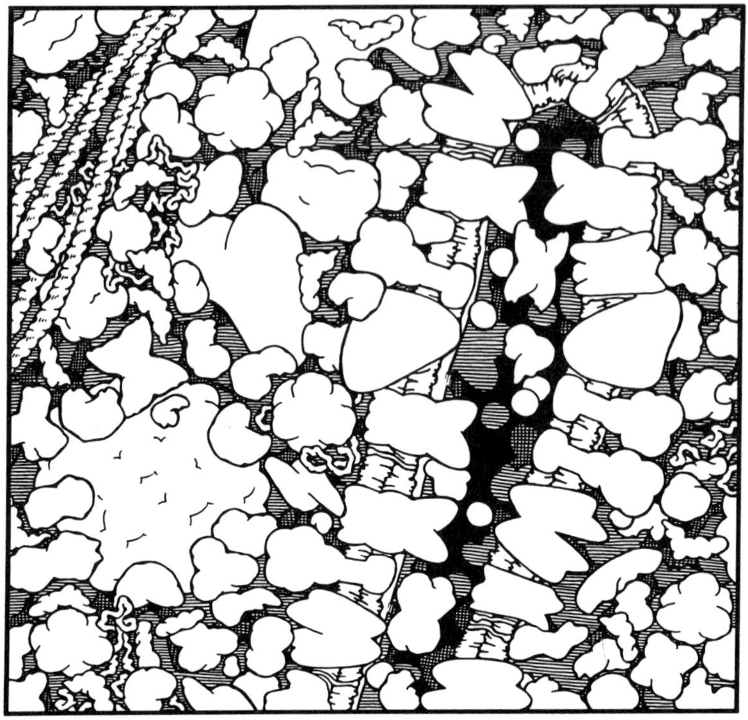

Abb. 28. Das Innere eines Mitochondriums. Mitochondrien sind prallgefüllt mit Proteinen, Ribosomen und Nucleinsäuren. Man erkennt DNA, tRNA-Moleküle und kleine Ribosomen wie die der Bakterien. Im unteren Abbildungsteil sieht man eine Schleife der inneren Membran. Das riesige kugelförmige Protein links unten ist ein Pyruvat-Dehydrogenase-Komplex – das Enzym, das den Übergang zwischen der Glycolyse und dem Zitronensäurezyklus schafft, indem es Pyruvat zu Acetyl-CoA umbaut (siehe Kapitel 3). (1.000.000fach vergrößert)

als ein Parasit, es hat sich aber eine gewisse Autonomie bewahrt: Moderne Mitochondrien bauen noch immer ihre eigenen Proteinsynthese-Maschinen, unabhängig von denen in Zellkern und Cytoplasma.

Der entscheidende Prozeß, der in den Mitochondrien-Kompartimenten abläuft, ist die ATP-Synthese. In den Mitochondrien befinden sich die Enzyme des Zitronensäurezyklus sowie Enzyme, die für den Abbau von Fetten zuständig sind. Die innere Membran ermöglicht die Schaffung zweier getrennter Räume, wie sie für die oxidative Phosphorylierung erforderlich ist; jedes Mitochondrium ist eine kleine Zellbatterie. Seine

Membran besteht hauptsächlich aus Protein. Die großen Enzymkomplexe, die für die Verbindung von Sauerstoff und Wasserstoff verantwortlich sind, sind so dichtgepackt, daß sie sich oft berühren und nur sehr wenige Lipide dazwischenpassen.

Der Zellkern

Der Zellkern ist die Bibliothek der Zelle; hier werden die empfindlichen DNA-Stränge gelagert und vor den rauhen Umweltbedingungen des Cytoplasmas abgeschirmt. Hier findet auch die Transkription von DNA auf mRNA statt. Der Zellkern ist der spezielle Ort, an dem die Informationen archiviert und abgelesen werden und wo ihre Verwendung überwacht wird.

Der Zellkern wird von einer Doppelmembran umschlossen (Abb. 29), die eigentlich eine Fortsetzung des endoplasmatischen Reticulums darstellt (siehe unten). Die Doppelmembran wird von innen durch kreuzweise Lagen von Proteinfilamenten verstärkt, ähnlich den Intermediärfilamenten im Cytoplasma. An der Innenseite dieser Schutzschicht ist die DNA in mehreren Chromosomen gespeichert (»Farbkörper«, so genannt, weil sie Spuren von cytochemischen Farbstoffen absondern). Jedes Chromosom besteht aus einem DNA-Strang, der Millionen von Nucleotiden lang ist. Ein Großteil der DNA ist um Proteinkerne herumgewickelt und bildet so Nucleosomen, ähnlich den HU-Protein-Komplexen der Bakterien. Nucleosomen schützen die DNA und helfen, die langen Stränge kompakt in dem kleinen Raum des Zellkerns zu verstauen.

Nur die Transkription (der erste Schritt der Proteinsynthese) findet im Zellkern statt (Abb. 30). Bei der Hefe ist die RNA-Polymerase, das Enzym, das die Transkription ausführt, komplexer aufgebaut als das entsprechende Enzym bei Bakterien; es gibt drei verschiedene, größere Typen. Der eine Typ überschreibt nur die mRNA; die anderen beiden überschreiben die RNA-Ketten auf Ribosomen und tRNA.

Die Transkription bei Eukaryonten weist noch eine weitere Besonderheit auf: Die Kodierung der Proteine erfolgt hier nicht durch einen fortlaufenden DNA-Strang wie bei den Bakterien. Die meisten Proteine werden durch mehrere kurze Abschnitte kodiert, unterbrochen von DNA-Einschüben, die nicht gebraucht werden. Neu erzeugte mRNA bei Eukaryonten ent-

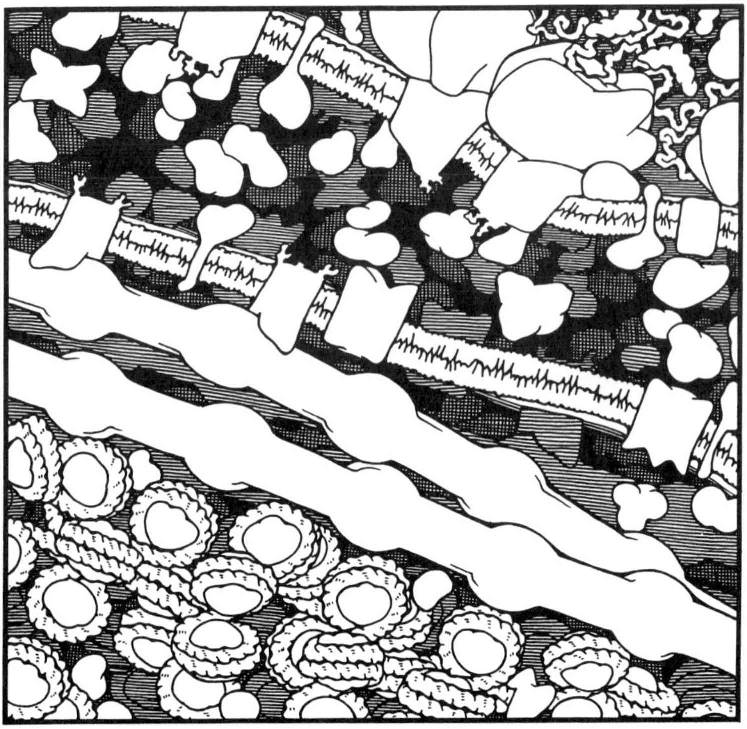

Abb. 29. Kernmembran. Der Zellkern ist von einer Doppelmembran umgeben, die ins endoplasmatische Reticulum übergeht (vgl. Abb. 32). In dieser Querschnittzeichnung befindet sich oben rechts das Cytoplasma, während unten das Innere des Zellkerns mit der zu Nucleosomen verknäulten DNA zu sehen ist. Die Innenseite der Kernmembran wird durch Intermediärfilamente verstärkt. (1.000.000fach vergrößert)

hält also nutzlose Segmente, die herausgeschnitten werden müssen, um die richtige Information für den Bau eines funktionsfähigen Proteins zu schaffen. Das sogenannte Spleißen erfolgt in Splicosomen, großen Proteinkomplexen, die noch während des Aufbaus des RNA-Stranges Stücke aus ihm herausschneiden. Es ist nicht bekannt, ob diese Einschübe für die Zelle irgendeine Funktion haben – etwa zur Regulierung oder Erleichterung von Mutationen neuer Enzyme –, oder ob sie nutzlosen Evolutionsmüll darstellen: Reste aus Milliarden von Jahren der Informationsübertragung.

Bei Hefezellen laufen Transkription und Translation im Gegensatz zu Bakterienzellen nie gleichzeitig ab. Dies ist ein

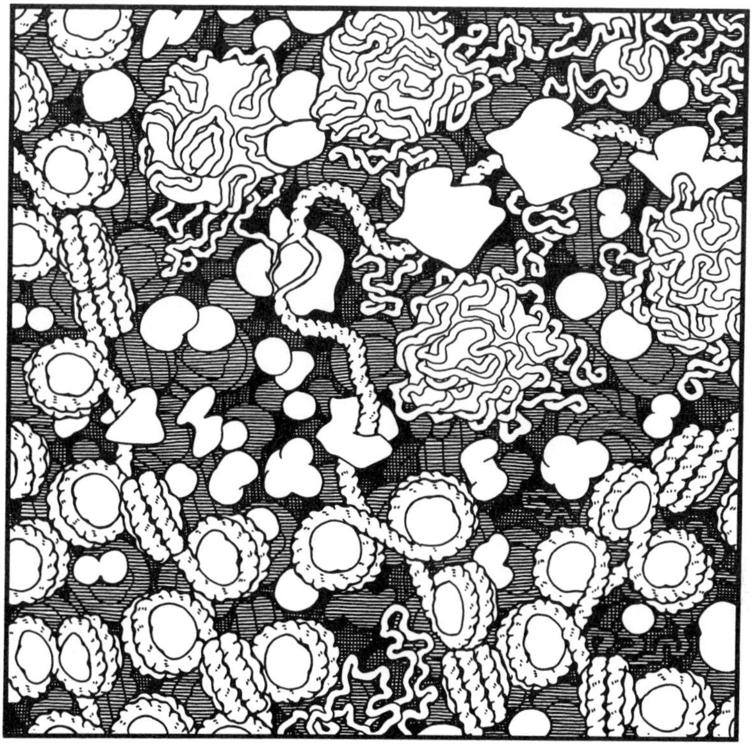

Abb. 30. Das Innere des Zellkerns. Der Zellkern enthält DNA sowie Proteine, die für ihre Lagerung, Transkription und Regulation verantwortlich sind. In der Abbildungsmitte sind mehrere RNA-Polymerase-Moleküle dabei, mRNA von der DNA zu überschreiben; die neue mRNA wird in großen Splicosom-Komplexen gesammelt und zusammengeschnitten. Der andere DNA-Strang, der auf der Abbildung zu erkennen ist – momentan nicht in Gebrauch –, ist zu schützenden Nucleosomen zusammengewickelt. (1.000.000fach vergrößert)

entscheidender Vorzug der Hefezellen. Es ist ein zusätzlicher Schritt zur Regulierung des Ablaufs dazwischengeschaltet: der Transport der mRNA von ihrem Entstehungsort im Zellkern ins Cytoplasma, wo die Translation erfolgt. Nachdem neue mRNA-Moleküle aufgebaut und zusammengeschnitten worden sind, werden sie – gut geschützt im Innern eines großen Proteinkomplexes – in den Randbereich des Zellkerns gebracht. An der Kernmembran angekommen, faltet sich der Komplex auseinander und passiert eine Kernpore, um ins Cytoplasma zu gelangen (Abb. 31). Kernporen sind riesige Proteingebilde aus acht sym-

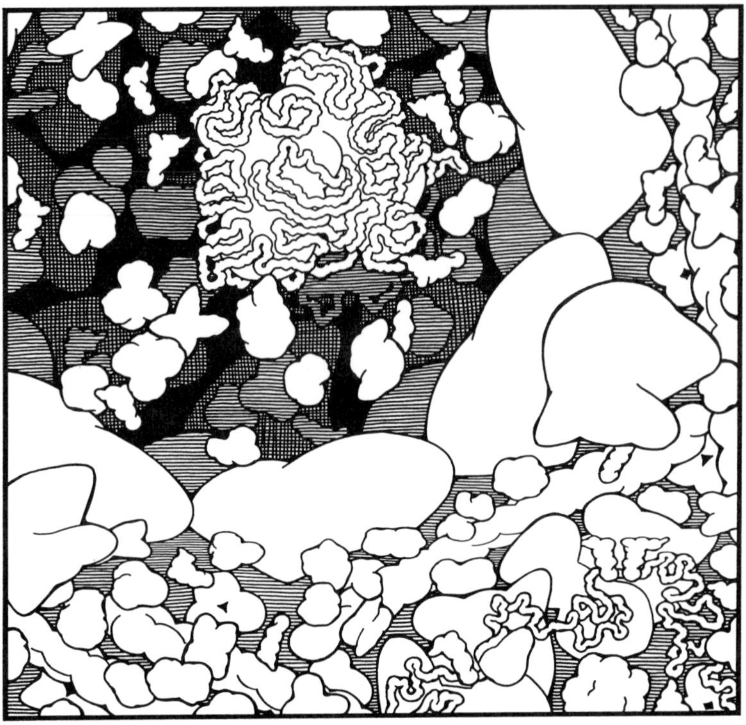

Abb. 31. Kernpore. Die Abbildung zeigt eine Kernpore mit Zentrum oben links, von der Cytoplasmaseite aus gesehen; der Blick geht ins Innere des Zellkerns. Man erkennt, wie ein Komplex aus mRNA und Protein durch das kompliziert aufgebaute Proteingitter dringt. Aufgrund der Größe des Porenkomplexes konnten nur vier der acht symmetrischen Gitterelemente in die Abbildung aufgenommen werden. (1.000.000fach vergrößert)

metrischen Elementen und einem Durchmesser von etwa 100 Nanometern. Der Durchgang durch die Kernpore ist ganz bestimmten Stoffen vorbehalten und wird streng überwacht. Insbesondere Messenger-RNA wird aus dem Kern heraustransportiert, und neue RNA-Polymerase- und Nucleosomen-Proteine, die im Cytoplasma hergestellt werden, aber für den Kern bestimmt sind, werden hereingebracht.

Der Proteintransport

Bei so vielen verschiedenen Kompartimenten müssen Eukaryontenzellen in der Lage sein, neu gebildete Proteine zu sortieren und an die richtige Stelle zu bringen. Cytoplasmaproteine werden natürlich direkt von den Ribosomen im Cytoplasma hergestellt. Dagegen müssen Enzyme, die für Zellkern und Mitochondrien bestimmt sind, durch Membranen hindurch in ihr jeweiliges Kompartiment befördert werden. Der große Kernporenkomplex ermöglicht den Transport von Protein in den Zellkern, und ein Translocase-Protein, das in die mitochondriale Membran eingebaut ist, ist für den Transport in die Mitochondrien zuständig. In anderen Fällen – bei sekretorischen Proteinen und solchen, die für die Zelloberfläche oder die Vakuole bestimmt sind – erfolgt die Verteilung und Weiterleitung durch das endoplasmatische Reticulum und den Golgi-Apparat. Als Beispiel wollen wir die Bildung und den Transport eines Verdauungsenzyms verfolgen, das schließlich seinen Platz in der Vakuole finden wird.

Die Reise beginnt am endoplasmatischen Reticulum, einem feinverzweigten Netzwerk von Röhren und Scheiben, die von einer einfachen Membran umgeben sind (Abb. 32). Spezielle, in die Membran eingebaute Proteinkomplexe ergreifen Ribosomen, die gerade mit der Proteinherstellung begonnen haben, und bringen das neue Protein, noch bevor es ganz fertiggestellt ist, ins Innere des endoplasmatischen Reticulums. Dort angekommen, helfen spezialisierte Enzyme dem neuen Protein bei der Auffaltung. Andere Enzyme lassen Brückenbindungen entstehen und stabilisieren so die neuen Proteine, oder sie zerstören defekte Proteine.

Hat sich das endoplasmatische Reticulum mit Protein gefüllt, schnüren sich an bestimmten Stellen kleine Transportvesikel ab. Diese bringen die neu gebildeten Proteine zum Golgi-Apparat, einem Gefüge aus membranumgrenzten Säckchen, die wie Teller übereinandergestapelt sind (Abb. 33). Der Golgi-Apparat ist die Fabrik der Zelle. Je nach Bedarf werden Zucker und Lipide an die Proteine angeknüpft, und es werden spezielle Signalmoleküle eingebaut, die den Bestimmungsort des jeweiligen Proteins angeben. Im Golgi-Apparat werden die Poteine modifiziert und nach ihrem Zielort sortiert. Der Zucker Mannose-6-Phosphat dient als molekulares Kennzeichen für die En-

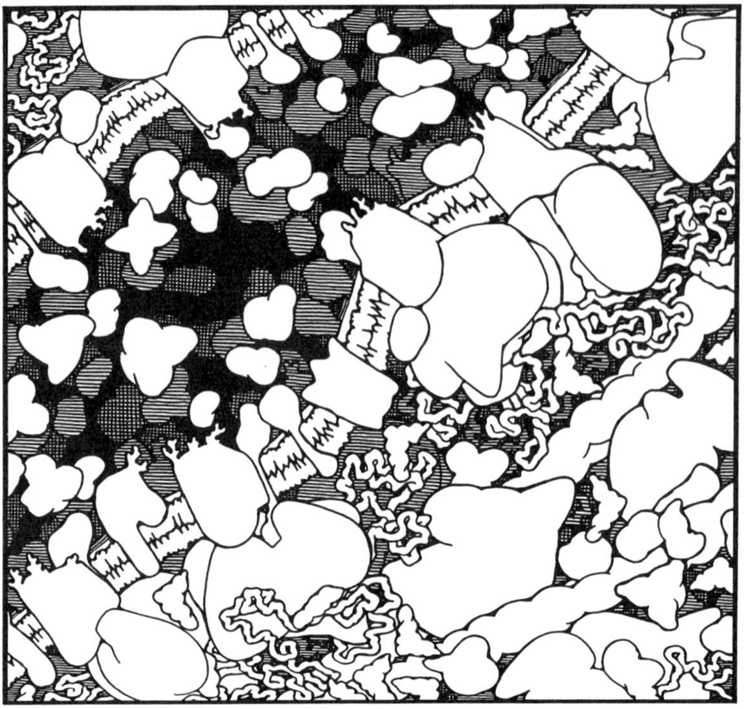

Abb. 32. Endoplasmatisches Reticulum. Ribosomen verbinden sich mit speziellen Transport-Proteinen in der Membran des endoplasmatischen Reticulums (hier im Querschnitt zu sehen). Die neu aufgebauten Proteine werden ins endoplasmatische Reticulum gebracht. (Das Innere des endoplasmatischen Reticulums ist auf dieser Abbildung dunkel dargestellt, weil darin eine geringere Proteinkonzentration herrscht als im Cytoplasma.) Die Proteine im Innern machen sich bereit für ihre Reise zur Vakuole oder zur Zelloberfläche. (1.000.000fach vergrößert)

zyme, die in die Vakuole transportiert werden sollen. Dieser Zucker wird an jede Proteinkette angefügt, und ein spezifisches Rezeptor-Protein im Innern des Golgi-Apparats verbindet sich mit dem neu gebildeten Enzym. Nun werden die Verdauungsenzyme nach und nach in die Membran des Golgi-Apparats eingelagert und dort konzentriert, während sie auf ihren Weitertransport warten.

Sind die Proteine sortiert, knospen kleine Vesikel vom Rand des Golgi-Apparats ab, und die Enzyme werden darin eingeschlossen (Abb. 34). Dreiarmige Proteinkomplexe, sogenannte Triskelien, sorgen mit ihrer Hebelkraft für das Ablösen

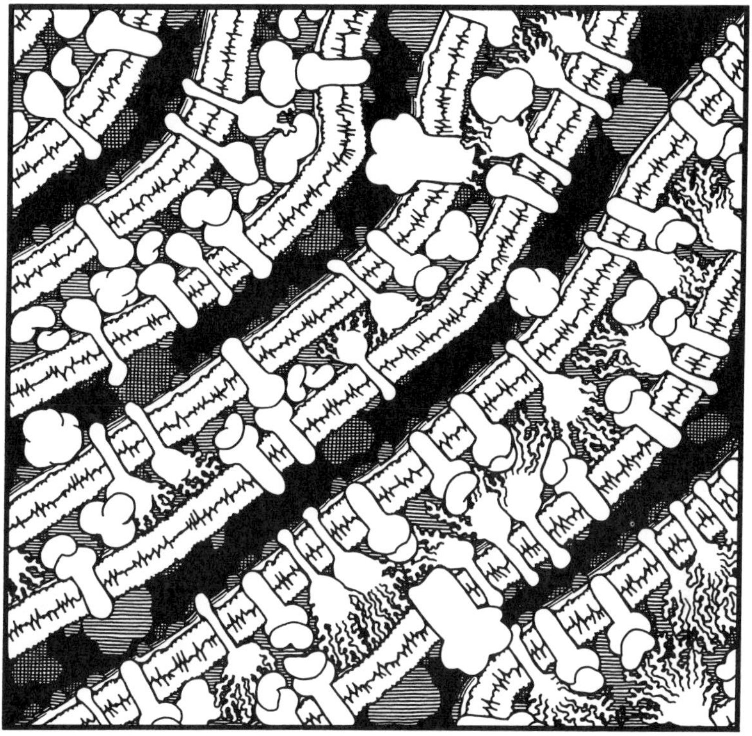

Abb. 33. Golgi-Apparat. Hier sind – im Querschnitt – die übereinandergestapelten Scheiben des Golgi-Apparats zu sehen. Während von links oben nach rechts unten Proteine den Stapel durchqueren, werden sie der Reihe nach modifiziert und sortiert. An Membranproteine werden lange Polysaccharidketten angekoppelt; die kleinen Verdauungsenzyme werden von Sortier-Proteinen, die in der Membran verankert sind, eingesammelt. (1.000.000fach vergrößert)

der Vesikel. Dabei bilden die Triskelien auf der dem Cytoplasma zugewandten Seite der Membran eine geodätische, d.h. kuppelförmige Struktur und trennen kugelrunde Transportvesikel von einheitlicher Größe ab. Sobald sich ein Vesikel vom Golgi-Apparat gelöst hat, fallen die Triskelien von ihm ab und nehmen das nächste Vesikel in Angriff. Auf Microtubulischienen wird das freie Vesikel zu seinem Ziel, der Vakuole, gebracht.

Wenn das Vesikel die Vakuole erreicht, verschmelzen die Membranen des Vesikels und der Vakuole miteinander wie ein Öltropfen im Wasser, und die Fracht des Vesikels wird in der

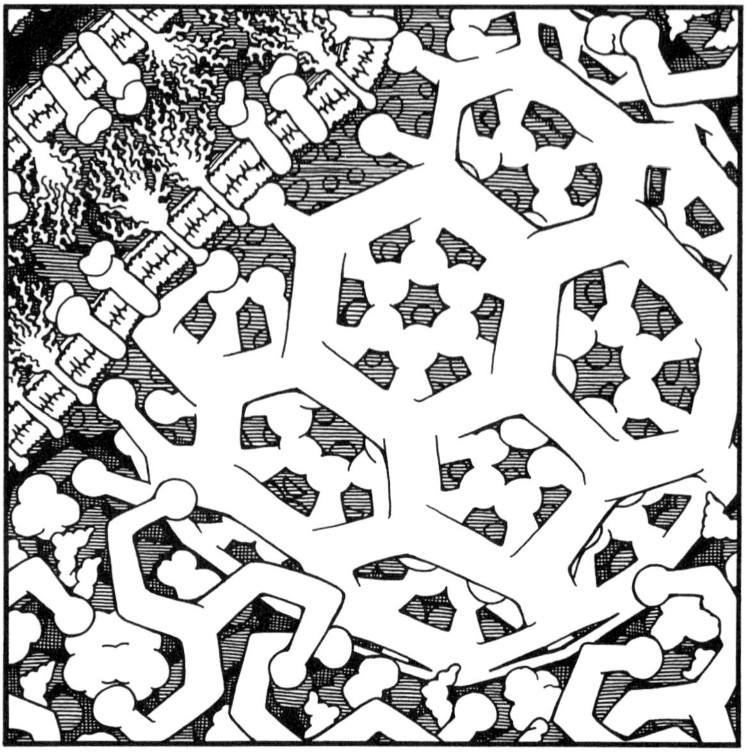

Abb. 34. Coated Vesicle. Wenn die Proteine das letzte Kompartiment des Golgi-Apparats erreicht haben, wie links oben im Querschnitt zu sehen, werden sie in kleinen Vesikeln an ihren endgültigen Bestimmungsort gebracht. Dreiarmige Triskelien (eins ist unten links zu sehen) ordnen sich an der Außenseite der Membran des Golgi-Apparats zu kuppelförmigen Strukturen an und trennen Vesikel ab. Der hier dargestellte Prozeß ist etwa zur Hälfte abgeschlossen. Die Triskelien haben ein Membranbläschen abgelöst und nach rechts unten gezogen und sind jetzt dabei, das hintere Ende abzuknipsen. (1.000.000fach vergrößert)

Vakuole abgeladen (Abb. 35). Aufgrund des Säuregehalts der Vakuole lösen sich die Verdauungsenzyme von ihren Rezeptoren; sie können sich nun frei bewegen und beginnen damit, die Nahrungs- und Abfallstoffe in der Vakuole zu bearbeiten.

Die Vakuole dient der Zelle, ähnlich wie die Lysosomen bei tierischen Zellen, als Müllhalde. Alte Mitochondrien und abgenutzte Ribosomen werden in die Vakuole gebracht, um dort abgebaut und verdaut zu werden. Die Verdauungsenzyme in der Vakuole sind darauf ausgelegt, in einem Milieu mit sehr

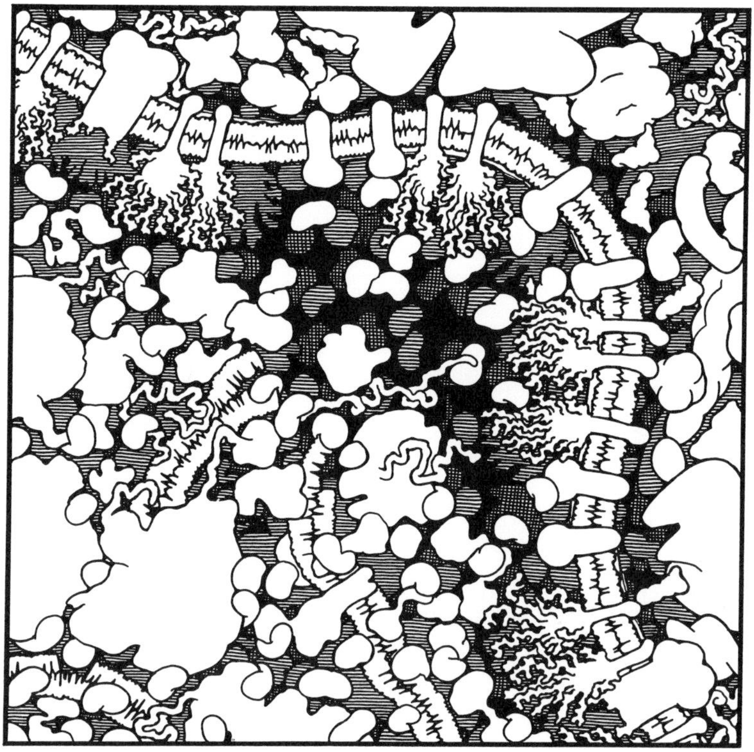

Abb. 35. Vakuole. Wenn das Vesikel die Vakuole – hier im Querschnitt gezeigt – erreicht hat, entläd es seine Fracht von Verdauungsenzymen und Membranproteinen. Das Innere der Vakuole (links unten) bildet eine Müllhalde für Proteine und Nucleinsäuren, die zerstört werden sollen. Das hier dargestellte Vesikel ist bereits fast völlig mit der Vakuole verschmolzen; nur oben rechts ist noch eine Ausbuchtung zu sehen. (1.000.000fach vergrößert)

saurem pH-Wert zu arbeiten, deshalb pumpen die Proteine in der Membran ständig Wasserstoffionen ins Innere, um den Säuregehalt in der Vakuole zu erhöhen. Für die Membranproteine ist der Säuregehalt der Vakuole jedoch schädlich. Sie sind im allgemeinen nicht so widerstandsfähig wie die kleinen Verdauungsenzyme mit ihren Brückenbindungen; deshalb sind die Membranproteine durch eine klebrige Zuckerschicht geschützt, mit der die Teile überzogen sind, die in die Vakuole hineinreichen.

6 Der Mensch – Vorteile der Spezialisierung

Ein Vielzeller zu sein, hat gewisse Vorteile. Davon profitierten schon die frühesten Zellkolonien: Vielzellige Organismen können sich zu immer größeren Formen entwickeln. Große Lebewesen verzehren in der Regel die kleineren, und nicht umgekehrt. Nicht die Kleinen und Schwachen haben sich in der Evolution durchgesetzt, sondern die vielzelligen Organismen, die im Wettbewerb stets die Nase vorn hatten.

Als Vielzeller hat man noch einen zweiten, entscheidenden Vorteil: die Möglichkeit, sich zu spezialisieren. Im Laufe der Zeit können sich die einzelnen Zellen in einem vielzelligen Organismus allmählich auf einen Aspekt des Lebens konzentrieren und die übrigen Aufgaben anderen Zellen überlassen. Die Zellen an der Oberfläche eines sich entwickelnden Organismus können sich auf Schutz- oder Bewegungsfunktionen spezialisieren, indem sie ihre Stoffvorräte darauf verwenden, Wachsüberzüge oder Geißelsysteme zu bauen. Zellen im Inneren des Körpers können sich auf die Energieerzeugung konzentrieren und die Mechanismen der Nahrungsaufnahme und Verdauung weiter verbessern. Ein paar außergewöhnliche Zellen können sich auf die Vermehrung konzentrieren und einen dürreresistenten Samen bilden, aus dem ein völlig neuer Organismus entsteht. Ist erst einmal als Kernstück ein Zellverband vorhanden, der sich mit Nahrungsverwertung und Fortpflanzung befaßt, so können sich die übrigen Zellen auf neue Wege zur Erforschung ihrer Umgebung konzentrieren. Sie können sich auf die Herstellung von Haaren spezialisieren, um den Organismus vor Kälte zu schützen, oder auf die Wahrnehmung der Lichtintensität bei der Nahrungssuche, oder auf die Bildung

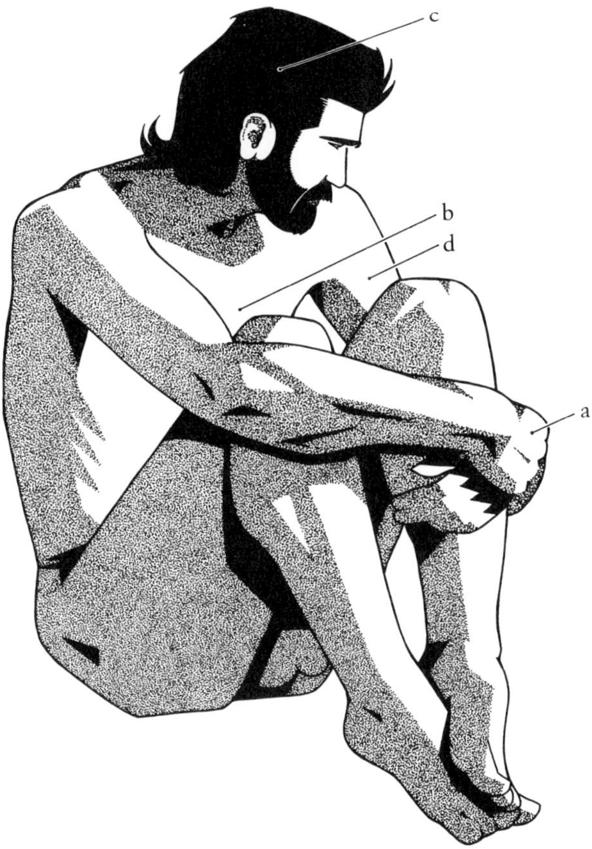

Abb. 36. Der Mensch. Die folgenden Abbildungen zeigen Ausschnitte aus vier verschiedenen Zelltypen in der Detailvergrößerung (die Zellen selbst wurden in Abb. 2 aufgeführt). *a* Am Beispiel von Hautzellen aus der Hand wird das Chromatin im Zellkern, die Zelloberfläche sowie ein Spotdesmosom und eine Gap Junction dargestellt. *b* Anhand eines Bluttropfens aus dem Herzen sehen wir ein rotes Blutkörperchen und Blutserum. *c* An Nervenzellen aus dem Gehirn wird die Funktionsweise des Nerven-Axons und der Synapse erläutert. *d* Ein Ausschnitt aus einer Muskelzelle aus dem Arm veranschaulicht die Anordnung von Actin und Myosin.

von schönen Pigmenten, die Geschlechtspartner anlocken oder Feinde warnen sollen.

Die Form unseres Körpers ist genauso wie unsere Gedanken- und Gefühlswelt ein Ergebnis dieser Spezialisierungsmöglichkeiten (Abb. 36). Wir können die Farben in einem frühlingshaften Garten sehen, weil bestimmte Zellen in unseren Augen darauf spezialisiert sind, Licht zu bündeln und wahrzunehmen. Wir können einen erfrischenden Regenspaziergang unternehmen, weil große Mengen von Muskelzellen darauf spezialisiert sind, auf Kommando ihre Länge zu verändern. Wir können es genießen, wenn uns ein geliebter Mensch berührt, weil Zellen in unserer Haut darauf spezialisiert sind, kleine Veränderungen ihrer eigenen Form festzustellen. Es reizt uns, ein Rätsel zu lösen, weil Zellen in unserem Gehirn darauf spezialisiert sind, elektrische Signale zu senden, zu empfangen und zu verarbeiten. Unser Körper setzt sich aus etwa zweihundert verschiedenen Zelltypen zusammen. Jeder Typ ist auf eine andere Aufgabe spezialisiert.

Bei aller Verschiedenheit zeigt jedoch jede einzelne unserer zehn Billionen Zellen eine frappierende Ähnlichkeit zu der einfacher aufgebauten Eukaryonten-Hefezelle. Jede Zelle wird kreuz und quer von einem ähnlichen Cytoskelett durchzogen. Jede besitzt einen DNA-gefüllten Zellkern. Jede enthält Mitochondrien, ein Netzwerk aus endoplasmatischem Reticulum, mehrere Golgi-Apparate und ein Sortiment von Verdauungs-Lysosomen. Zusätzlich zu diesen notwendigen Standardmolekülen stellen menschliche Zellen ihre spezialisierten Proteine her: Nervenzellen erzeugen die Proteine zur Signalübertragung; rote Blutkörperchen bilden so viel Hämoglobin, daß praktisch kein Platz für etwas anderes bleibt; Muskelzellen produzieren Actin und Myosin, die gemeinsam den Motor für die Muskelkontraktionen darstellen.

Anders als die Hefe haben unsere Zellen ein Informationsproblem. Da alle Zellen unseres Körpers aus einer einzigen befruchteten Eizelle hervorgehen, muß die eine DNA-Kopie, die wir jeweils von beiden Elternteilen mit auf den Weg bekommen, die gesamte Information für jeden einzelnen Zelltyp enthalten. Nervenzellen besitzen also Informationen für den Aufbau von Hämoglobin, und Blutzellen könnten theoretisch auch Neurotransmitter herstellen.

Natürlich darf das in unserem Körper nicht passieren. Jede Zelle muß in der Lage sein, ihre Proteinerzeugung so zu steuern, daß sie ihrer Rolle im Blut, in der Haut oder anderswo entspricht. In den ersten neun Lebensmonaten passen sich unsere Zellen mit jeder Zellteilung immer mehr an ihre zukünftigen Aufgaben an. Wenn eine Zelle eine bestimmte Funktion über-

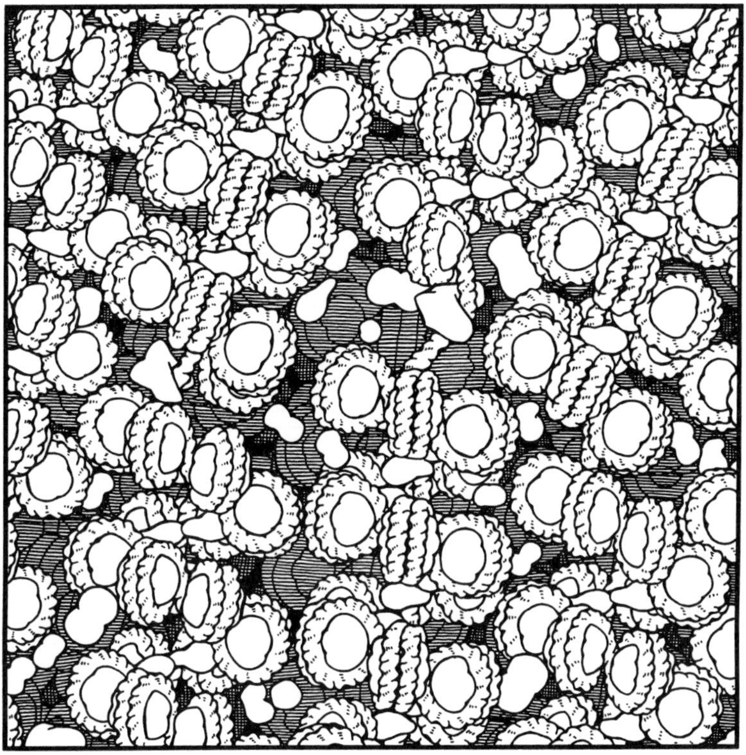

Abb. 37. Chromatin. Das kleine Protein Histon-1 verknüpft Nucleosomen zu Chromatin-Spiralen. Die DNA in diesen dichtgepackten Fasern wird zur späteren Verwendung eingelagert. (1.000.000fach vergrößert)

nimmt, braucht sie keine Heerscharen von Proteinen mehr; Nervenzellen im Entwicklungsstadium benötigen kein Hämoglobin und Blutzellen kein Myosin. Die DNA, in der die nicht benötigten Proteine kodiert sind, wird eingelagert; dies geschieht durch die Reaktion des kleinen Proteins Histon-1 mit Nucleosomen (Abb. 37). Histon-1 verknüpft benachbarte Nucleosomen zu langen schraubenförmigen Chromatinabschnitten, die dichtgepackt in den staubigen Winkeln des Zellkerns abgelegt werden können.

Unsere Zellen haben auch mit weit schwierigeren Strukturproblemen zu kämpfen als Hefezellen. Um einen Organismus von der Größe eines Menschen aufzubauen, sind komplexe molekulare Strukturen erforderlich, mit deren Hilfe die Zellen stabilisiert, miteinander verstrebt und verbunden werden. Un-

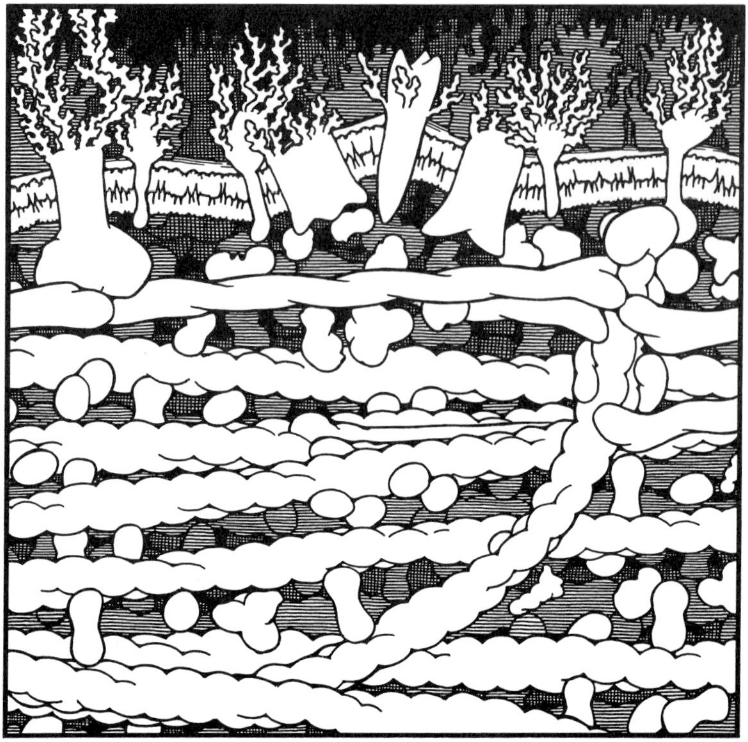

Abb. 38. Zelloberfläche. Eine typische Membran einer menschlichen Zelle (im oberen Bildbereich im Querschnitt zu sehen) ist mit Proteinpumpen, Rezeptor-Proteinen und Strukturproteinen versehen. Einige der Proteine sind an der Außenseite der Membran dicht mit Polysacchariden besetzt (ganz oben). Ein vielflächiges Skelett aus Spectrin, den knochenförmigen Proteinen, die waagerecht unterhalb der Membran verlaufen, stabilisiert die Zelle auf der Cytoplasmaseite. Unter dem Spectringitter werden Actinfilamente von kleinen Proteinen dicht aneinandergelagert und fest zusammengehalten. (1.000.000fach vergrößert)

ser Körper wird durch die verschiedensten Elemente stabil und in Form gehalten: durch Verstrebungen im Zellinneren; durch wirkungsvolle Methoden, um Zellen zusammenzuschweißen; durch Verbände widerstandsfähiger Zucker und Proteine, die Zellgruppen voneinander abgrenzen und zu Geweben und Organen zusammenschließen; und schließlich durch die biegsamen Membranen und die Knorpel, durch die die Organe mit unserem Skelett aus mineralisierten Knochen verbunden sind.

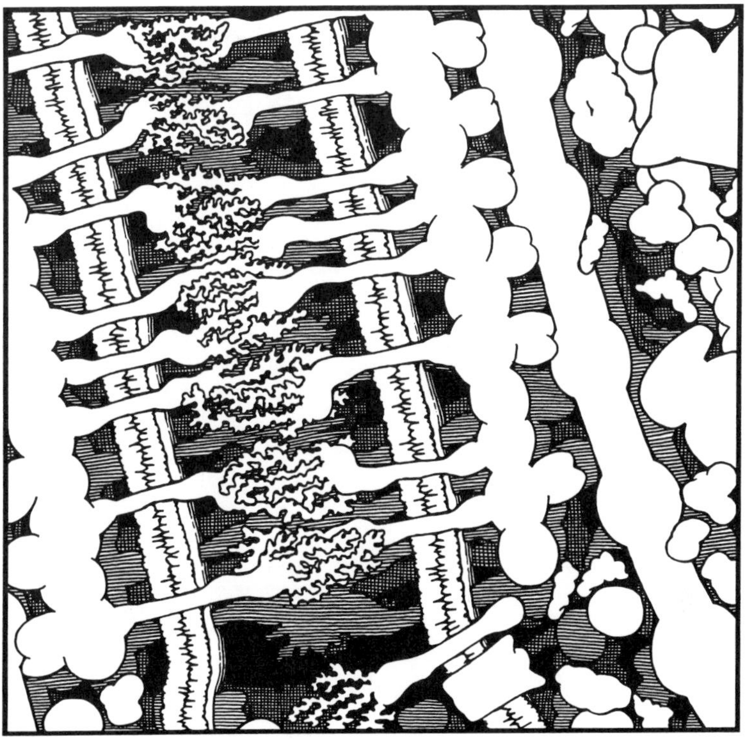

Abb. 39. Punktdesmosom. Benachbarte Zellen werden von Punktdesmosomen zusammengenietet, wie hier im Querschnitt zu sehen. Proteine überspannen die einander gegenüberliegenden Membranen und verbinden sich in dem Zwischenraum zwischen den Zellen. Diese Transmembran-Proteine sind über einen dicken Proteinfilm mit den Intermediärfilamenten im Cytoplasma der einzelnen Zellen verknüpft. So werden die Cytoskelette beider Zellen über ein durchgängiges Fasernetz fest miteinander verbunden. (1.000.000fach vergrößert)

Jede unserer Zellen wird von einem innenliegenden Cytoskelett stabilisiert, ähnlich dem in den Hefezellen. Actinfilamente, Intermediärfilamente und Microtubuli verbinden sich zu einer Matrix, die sich durch die ganze Zelle zieht und sie in der richtigen Form hält. Unsere Zellen bauen im allgemeinen keine feste Außenwand auf wie die Hefe und sind daher biegsamer. Weiße Blutkörperchen sind dafür ein gutes Beispiel: Ähnlich der vielzitierten Amöbe *Amoeba proteus* kriechen sie durch unser Kreislaufsystem, auf der Suche nach fremden Zellen, die sie in sich aufnehmen und verdauen. Diese Bewegung wäre mit einer

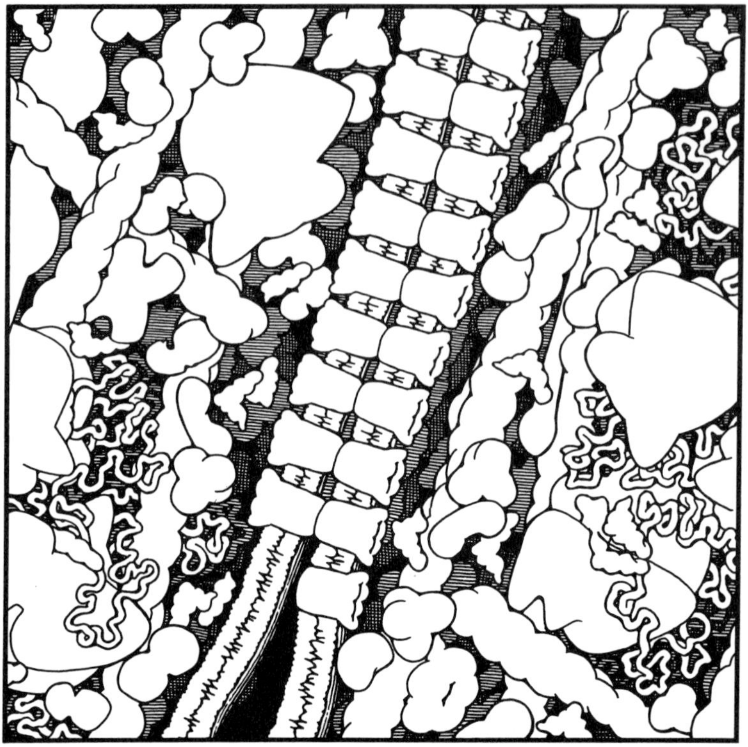

Abb. 40. Gap Junction. Benachbarte Zellen stehen über Gap Junctions miteinander in Verbindung und tauschen Stoffe aus, wie hier im Querschnitt zu sehen. Jedes der Konnexone hat in der Mitte eine kleine Pore, die kleine Moleküle wie Zucker und ATP von Zelle zu Zelle durchgehen läßt. (1.000.000fach vergrößert)

festen Zellwand, die die Zelle in einer bestimmten Form festhält, nicht zu realisieren. Die Bewegung wird von einem System innerer Verstrebungen ermöglicht, das je nach den Bedürfnissen der Zelle aufgebaut und modifiziert werden kann (Abb. 38). Direkt innerhalb der Zellmembran liegt eine Zone mit dichtgepackten und miteinander verflochtenen Actinfilamenten, die ein festes Innenskelett bilden. Wenn ein weißes Blutkörperchen sich bewegen möchte, werden Actinfilamente abgebaut und an der entsprechenden Stelle wieder neu zusammengefügt; dadurch wird die Zelle in eine neue Richtung gedrückt und kann ihren hinteren Bereich einziehen.

Die meisten unserer Zellen haben es jedoch nicht nötig, in unserem Körper herumzukriechen. Sie bleiben ortsfest in Geweben und Organen und arbeiten dort in Erfüllung einer bestimmten Funktion mit ihren Milliarden von Nachbarn zusammen. Um diese Zellen zusammenzuhalten und den Austausch zwischen ihnen zu ermöglichen, haben sich verschiedene Verbindungsmoleküle herausgebildet. Punktdesmosomen vernieten benachbarte Zellen miteinander, wobei jede Zelle durch ein Netz aus Intermediärfilamenten in sich verstrebt ist (Abb. 39). Bestimmte Molekülschichten, die sogenannten Tight Junctions, bilden eine wasserdichte Barriere zwischen zwei Zellen; besonders wichtig ist dies für die Zellen, die unseren Verdauungstrakt auskleiden. Gürteldesmosomen verbinden die einzelnen Bündel aus Actinfilamenten wie ein Klebestreifen und verstärken so die Zellwand. Gemeinsam verknüpfen diese Zellverbindungskomplexe die Innenskelette benachbarter Zellen miteinander und stabilisieren so das ganze Gewebe.

Benachbarte Zellen stehen auch über die winzigen Poren in den Gap Junctions (Kontaktzonen) miteinander in Verbindung (Abb. 40). Aus sechs Untereinheiten zusammengesetzte Proteine, die durch die Zellmembran hindurchreichen – die sogenannten Konnexone – verbinden das Cytoplasma benachbarter Zellen miteinander und lassen kleine Moleküle von Zelle zu Zelle durchschlüpfen. Konnexone können sich öffnen und schließen, allerdings nicht so wirkungsvoll wie einige andere zelluläre Pumpen. Steigt die Calciumkonzentration an – oft ein Signal dafür, daß die Zelle krank oder labil ist –, so schließen sich die Konnexone und stellen die erkrankte Zelle unter Quarantäne.

Das Blut

Der Blutstrom dient uns als Transportmittel zum Stoffaustausch und stellt gleichzeitig unsere wichtigste Waffe im Kampf gegen mechanische Beschädigung und Infektionen dar. Wenn man an Blut denkt, hat man sofort ein farbiges Bild vor Augen: verlegenes Erröten oder das hellrote Blut, das als sichtbare Begleiterscheinung zum Schmerz aus einer Wunde quillt. Unsere fünf bis sechs Liter Blut sind jedoch keine homogene rote Flüssigkeit: Mehr als die Hälfte der Blutmenge besteht aus einer durchsichtigen Lösung konzentrierter Proteine. Seine Farbe erhält das Blut von Zellen, die sich in diesem klaren Serum

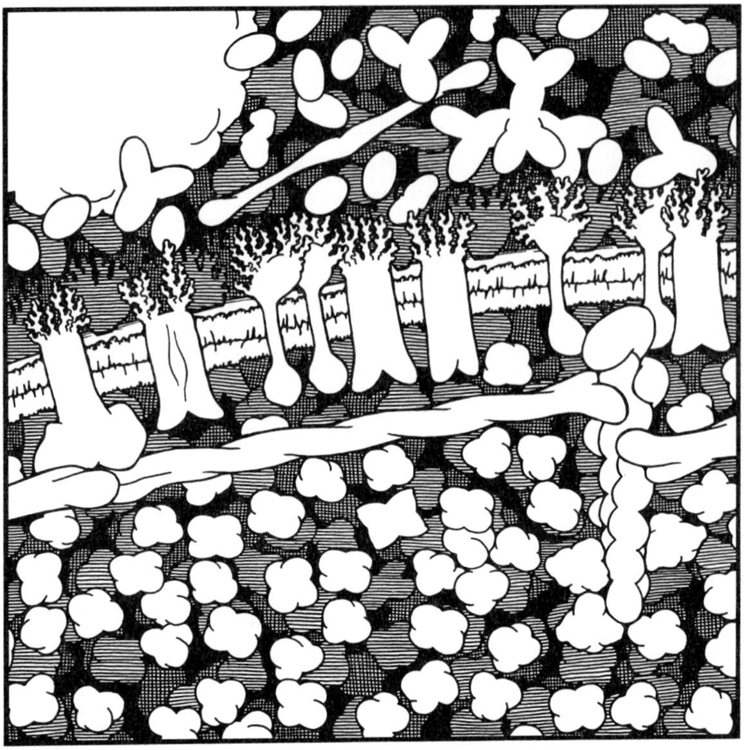

Abb. 41. Rotes Blutkörperchen. Das Innere eines roten Blutkörperchens (unterer Bildbereich) enthält fast ausschließlich Hämoglobin. Die Oberfläche des roten Blutkörperchens (im Querschnitt, Bildmitte) ist eine vereinfachte Version einer normalen Zelloberfläche. Spectrin und kurze Actin-Abschnitte sind alles, was von der starren Zellcortex übriggeblieben ist, der Schicht, die normalerweise die Zellmembran von der Innenseite stabilisiert (vgl. Abb. 38). Außerhalb der Zelle (oben) befindet sich das Blutserum, das in der nächsten Abbildung dargestellt wird. (1.000.000-fach vergrößert)

bewegen – Zellen, die aufgrund ihrer Hämoglobinfracht tiefrot gefärbt sind.

Die roten Blutzellen (oder roten Blutkörperchen) gehen selbstlos ihrer Aufgabe nach, Sauerstoff von den Lungen in die Gewebe zu transportieren (Abb. 41). Das ist aber auch schon alles, was sie können. Blutzellen werden aus Zellen im Knochenmark gebildet. Im Laufe ihrer Entwicklung setzen diese Zellen allmählich immer mehr Stoffe zur Bildung von Hämoglobin ein und lassen ihre anderen Funktionen verkümmern.

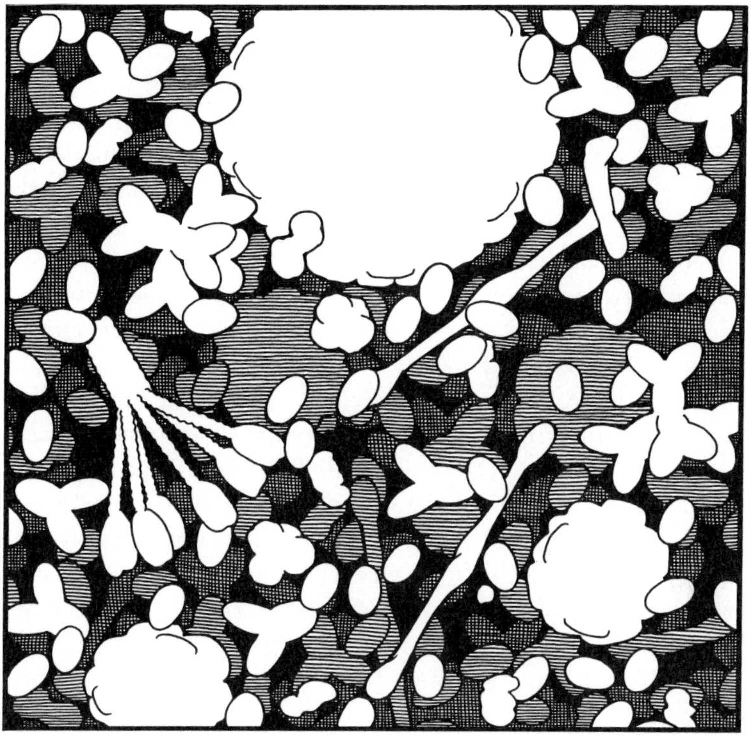

Abb. 42. Blutserum. Das Serum ist eine komplexe Mischung aus verschiedenen Proteinen. Eines der größten, ein Lipoprotein, das Lipide zwischen Zellen hin- und hertransportiert, ist in der oberen Bildmitte zu erkennen. Am häufigsten ist Serumalbumin vertreten (hier in Form von kleinen Ovalen dargestellt). Die Y-förmigen Proteine sind Antikörper, und das sechsarmige Protein ist das erste in der Komplement-Kaskade, die zu unserem Immunsystem gehört. Die langen, stäbchenförmigen Proteine sind Fibrinogen, das die Struktur von Blutgerinnseln bestimmt. (1.000.000fach vergrößert)

Die Zellmembran verliert die Fähigkeit, eine Verbindung zu anderen Zellen herzustellen und bestimmte Stoffe zu transportieren; was bleibt, ist nur ein einfaches Strukturgerüst, das der Zelle hilft, ihre Form zu behalten. Schließlich bringt die Zelle ihr entscheidendes Opfer. Sie konzentriert ihre gesamten molekularen Maschinen – Mitochondrien, Zellkern, Ribosomen – in einem bestimmten Teil der Zelle, den sie aus ihrem Körper ausstößt. Das reife rote Blutkörperchen, nun ein orientierungsloser Automat, tritt dann in die Blutbahn ein, wo es etwa vier Monate lang zirkuliert und Sauerstoff transportiert.

Das Blutserum enthält eine Reihe verschiedener Transportproteine, die dazu dienen, ein Molekül an einem Ort aufzunehmen und an einem anderen wieder abzugeben (Abb. 42). Am häufigsten ist das Serumalbumin, ein Blutprotein mit vielfältigen Aufgaben; es ist für den Transport einer Anzahl kleiner Moleküle verantwortlich, wie etwa der Fettsäure-Bestandteile der Lipide. Schon die Anzahl der Albuminmoleküle im Serum ist von Bedeutung: Würde das Blutserum aus reinem Wasser bestehen, so würden die Blutzellen und die Zellen, die die Blutbahn auskleiden, Wasser aufnehmen und unter dem osmotischen Druck zerplatzen.

Der hydrophobe Charakter der Lipide stellt für das Blut ein besonderes Problem dar. Ein Großteil des Lipidtransports zwischen den Zellen erfolgt über die Blutbahn. Doch wenn die Lipide einfach an einer Stelle in den Blutkreislauf hineingeworfen und irgendwo anders wieder herausgefischt würden, wie es mit der Glucose geschieht, so würden sie fettige Klumpen bilden und den normalen Blutfluß blockieren. (Dies ist, grob vereinfacht, das Problem bei Arteriosklerose.) Statt dessen müssen Lipide Begleitschutz erhalten. Sie werden mit Hilfe von Lipoproteinen transportiert – riesigen molekularen Tankern, die aus einem Proteinrumpf und einer Hülle aus einem Fetttropfen bestehen. Lipoproteine werden von Zellen, die Lipide benötigen, im Ganzen aufgenommen und im Innern der Zelle zerlegt.

Mit Hilfe des Blutes tragen Hormone Nachrichten durch unseren Körper. Es handelt sich dabei im allgemeinen um kleine Moleküle, die in bestimmten Drüsen erzeugt werden und an der Zelloberfläche von Proteinrezeptoren in Empfang genommen werden. Die Nachrichten der Hormone werden im gesamten System gehört; sie signalisieren all unseren Körperzellen, daß sie eine Zellantwort vorbereiten sollen. Epinephrin (Adrenalin), das in den Adrenalin-Drüsen oberhalb der Nieren erzeugt wird, enthält die Nachricht, daß sich alle Zellen auf die Energieproduktion konzentrieren sollen. Es wird in der Regel dann ausgeschüttet, wenn wir uns in unmittelbarer Gefahr befinden: Der »Kick«, den wir verspüren, entsteht dadurch, daß unsere Zellen ihre Energiequellen mobilisieren, um uns handlungsbereit zu machen. Insulin und Glucagon sind kleine Proteinhormone, die die Zuckerkonzentration in unserem Blut anzeigen (siehe Farbtafel 11). Unsere geschlechtsspezifischen Signale werden durch modifizierte Formen von Cholesterin übertragen: Östrogene aus den Eierstöcken der Frau und Testosterone aus den Hoden des Mannes geben den Anstoß zu einigen der körperlichen Veränderungen während der Pubertät. Das Wachstumshormon, ein kurzes Protein, das in der Hirnanhangdrüse gebildet wird, dient zur Wachstumsregulierung bei Kindern. Die Verwendung von Hormonen als Botenstoffe beschränkt sich jedoch auf allgemeine Botschaften, denn für jede neue Botschaft wird ein anderes Hormon gebraucht, sowie völlig neue molekulare Maschinen, um das jeweilige Hormon aufzubauen, zu verschikken und in Empfang zu nehmen.

Das Blutserum hilft unserem Körper auch, sich gegen physische Beschädigungen zu wehren. Der Schaden wird durch einen Blutpfropfen in Grenzen gehalten; dabei wird das Leck so lange abgedichtet, bis sich das umgebende Gewebe regeneriert hat. Lange Fibrinogenmoleküle stehen bereit, um einen faserigen Pfropfen zu bilden, aktiviert von einer Kaskade von Proteinsignalen. Viele Funktionen der Zelle erfolgen in Form einer Kaskade, um die Zellantwort zu verstärken. Bei der Blutgerinnung beginnt die Kaskade mit einem Protein, das den Schaden registriert. Es aktiviert ein zweites Protein, das wiederum ein drittes und dieses ein viertes aktiviert; das vierte Protein aktiviert ein fünftes, und dieses regt schließlich Fibrinogen zur Bildung eines Blutpropfens an. Der Vorteil dabei ist, daß auf jeder Stufe ein einzelnes Proteinmolekül viele andere Proteinmoleküle auf der nächsten Stufe aktivieren kann. Ein einzelnes Protein kann eine Kaskade in Gang setzen, die letztendlich genug Fibrinogen aktiviert, um einen vollständigen wasserdichten Pfropfen zu bilden.

Im Blutserum befindet sich auch ein Großteil der Maschinen unseres Immunsystems, das uns Schutz vor eindringenden Fremdorganismen bietet. Antikörper im Serum erkennen die unbekannten Moleküle an der Oberfläche fremder Organismen und versehen sie mit einer Markierung, aus der hervorgeht, daß der Organismus zerstört werden soll (vgl. Farbtafel 14). Eine weitere Kaskade von Serumproteinen, das Komplement-System, erkennt und zerstört fremde Zellen. Die Kaskade beginnt mit C1, einem sechsarmigen Protein, das jeweils an den Spitzen Bindungsstellen trägt. Wenn sich mehrere dieser »Arme« gleichzeitig mit Antikörpern verbinden, die an die Oberfläche eines Bakteriums angeheftet sind, wird die Kaskade ausgelöst, die schließlich zur Bildung von Membran-Angriffstruppen führt, die die Zellwand des Eindringlings durchlöchern (siehe Abbildung auf S. II).

Die Nerven

Hormone sind eine primitive Art der Kommunikation, die nur ganz einfache Botschaften zuläßt: »Ich habe Hunger« oder »Ich fürchte mich«. Bereits im Frühstadium der Evolution der vielzelligen Tiere bildete sich eine flexiblere und dabei sehr wirkungsvolle Lösung heraus: ein komplexes Netzwerk von Nervenzellen, die miteinander in Verbindung stehen. Nervenzellen können so organisiert werden, daß sie unglaublich viele verschiedene Funktionen erfüllen – von einfachen, genau festgelegten Reflexreaktionen bis zu äußerst subtilen Denkprozessen. Es ist alles eine Sache der Planung und der Teamarbeit.

Unsere Nerven kommunizieren sowohl über elektrische als auch über chemische Signale miteinander. Elektrische Signale übertragen Botschaften rasch über große Entfernungen. Ein Signal pflanzt sich über das schmale Axon (Nervenfaser) einer Nervenzelle mit einer Geschwindigkeit von 1 bis 100 Metern pro Sekunde fort. An Ende der Nervenfaser wird die Botschaft als chemisches Signal, das den schmalen synaptischen Spalt zwischen den hintereinanderliegenden Zellen überspringt, auf die nächste Zelle übertragen.

Elektrische Signale werden über eine lange Kette von molekularen Relais (Abb. 43) am Axon entlanggeleitet. Ein Axon wird mit Hilfe einiger chemischer Pumpen für die Übertragung »schußbereit« gemacht, die Natriumionen aus der Zelle herauspumpen und die Membran aufladen, so wie man eine Batterie läd. Eine Reihe von spannungsgesteuerten Kanalproteinen nutzt dann die geladene Membran, um ein Signal das Axon entlangzuschicken. Dieses Protein kann Veränderungen in der elektrischen Spannung auf beiden Seiten der Membran wahrnehmen: Sinkt die Spannung, so öffnet sich der Proteinkanal und läßt blitzschnell Natrium in die Zelle zurückfließen. Im oberen Bereich der Nervenzelle wird ein Signal abgeschickt, indem sich einige dieser Proteinkanäle öffnen; während nun Natrium in die Zelle fließt, wird der Spannungsunterschied verringert. Die benachbarten Proteine registrieren das Absinken der Spannung und öffnen sich ebenfalls, wodurch noch mehr

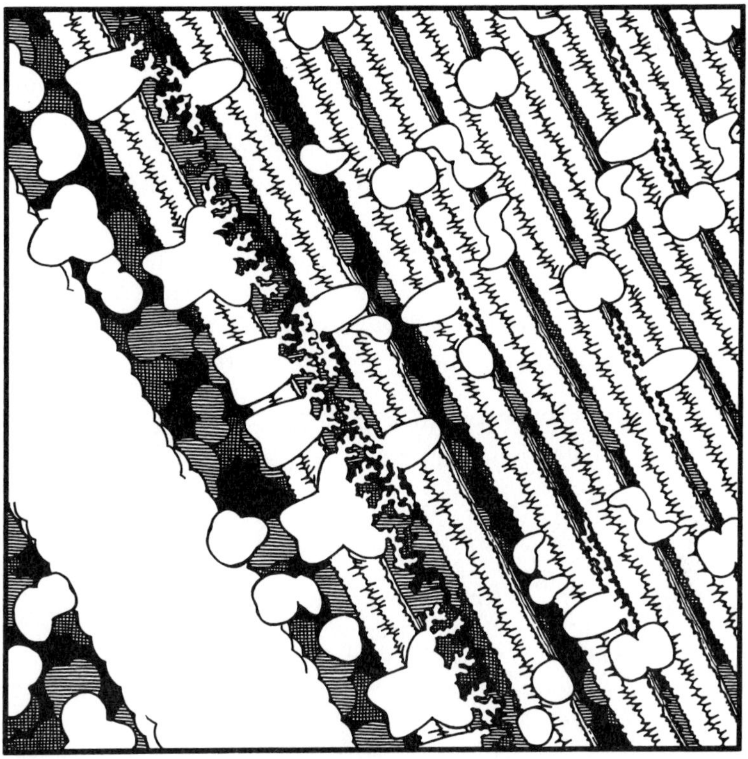

Abb. 43. Nerven-Axon. Ganz links in dieser Querschnittzeichnung ist die elektrisch erregbare Membran eines Nerven-Axons zu sehen. In dieser Membran sind zwei wichtige Proteine verankert. Das kleinere ist eine Natrium-Pumpe; es läd die Membran auf. Das größere ist ein sogenannter spannungsgesperrter Kanal, über den sich das elektrische Signal das Axon entlang fortpflanzt (von links oben zur unteren Mitte). Im Inneren des Axons (links von der erregbaren Membran) befindet sich das Cytoplasma mit einem der großen Microtubuli, die das Axon in seiner langgestreckten Form halten. Viele konzentrische Lipid-Doppelschichten dienen der Isolierung der elektrisch erregbaren Membran (rechter Bildbereich); sie werden von einer zweiten Zelle um das Axon herumgewickelt. (1.000.000fach vergrößert)

Natrium in die Zelle gelangen kann. Das Signal pflanzt sich dann wellenförmig das Axon entlang fort, wobei jedes Protein an seinem Abschnitt der geladenen Membran einen Kurzschluß verursacht und das nächste Protein auf die Veränderung reagiert. Nachdem die Welle durchgelaufen ist, bleibt die Membran völlig ohne Ladung zurück. Dann schließen sich selbsttätig die Kanäle, und die Molekularpumpen sind damit beschäftigt, die Membran wieder aufzuladen, um sie auf das nächste Signal vorzubereiten.

In vielen unserer Nervenzellen, besonders in denen, die Signale in weit entfernte Körperteile tragen, ist das Axon isoliert. Die sogenannten Schwannschen Zellen wickeln Schicht um Schicht isolierendes Lipid um die stromführende Membran und schirmen das Signal damit von Nebensignalen benachbarter Axone ab, genauso wie die Drähte in Telefonkabeln isoliert sind.

Wenn eine elektrische Welle das Ende eines Axons erreicht, wird sie mittels eines chemischen Signals auf die nächste Nervenzelle übertragen (Abb. 44). Die elektrische Welle veran-

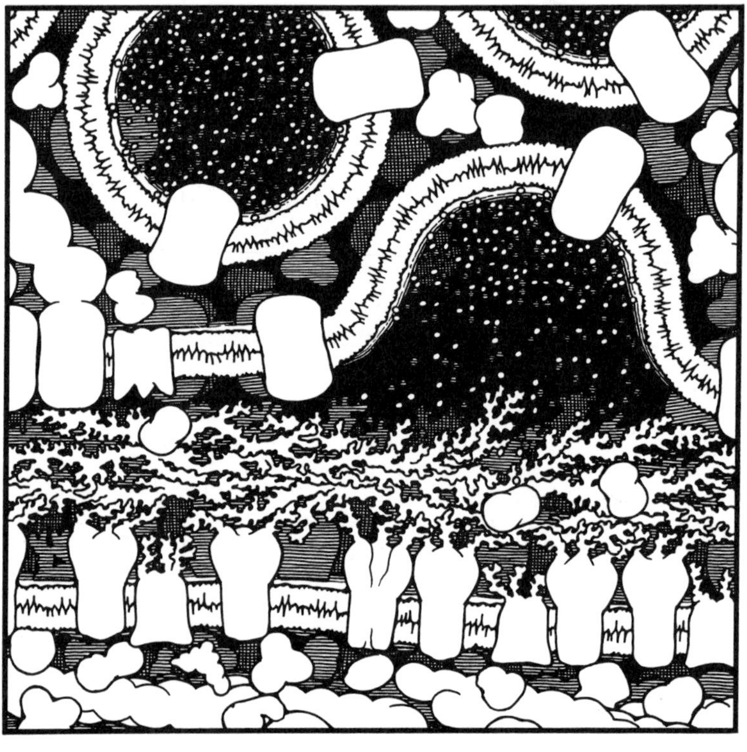

Abb. 44. Nerven-Synapse. Chemische Signale werden über eine Synapse (hier im Querschnitt) von einem Nerv zum nächsten übertragen. Oben erkennt man den Endbereich eines Axons; das Endstück (Terminal) enthält zwei Vesikel voller Neurotransmitter und eine Vesikel, die gerade Neurotransmitter in den synaptischen Spalt schüttet. Dieser Spalt, der die beiden Zellen voneinander trennt, verläuft quer durch die untere Bildmitte; ganz unten befindet sich die Empfängerzelle. Neurotransmitter überspringen den Spalt und verbinden sich mit Rezeptor-Proteinen in der Membran der Empfängerzelle. (1.000.000fach vergrößert)

laßt das Axonende, den Inhalt einiger hundert kleiner Vesikel in den synaptischen Spalt zu schütten. Jede Vesikel enthält mehrere tausend Neurotransmittermoleküle, die sich aus jeweils zehn oder zwanzig Atomen zusammensetzen. Die Neurotransmittermoleküle überqueren den Spalt, binden an spezielle Rezeptor-Proteine an der Empfängerzelle und veranlassen sie, ihre Kanäle zu öffnen. Dann fließen Ionen in die Empfängerzelle, und die Signalübertragung beginnt von neuem.

Es wäre durchaus eine einfachere Lösung denkbar als die chemische Signalübertragung an den Synapsen. Zwischen zwei

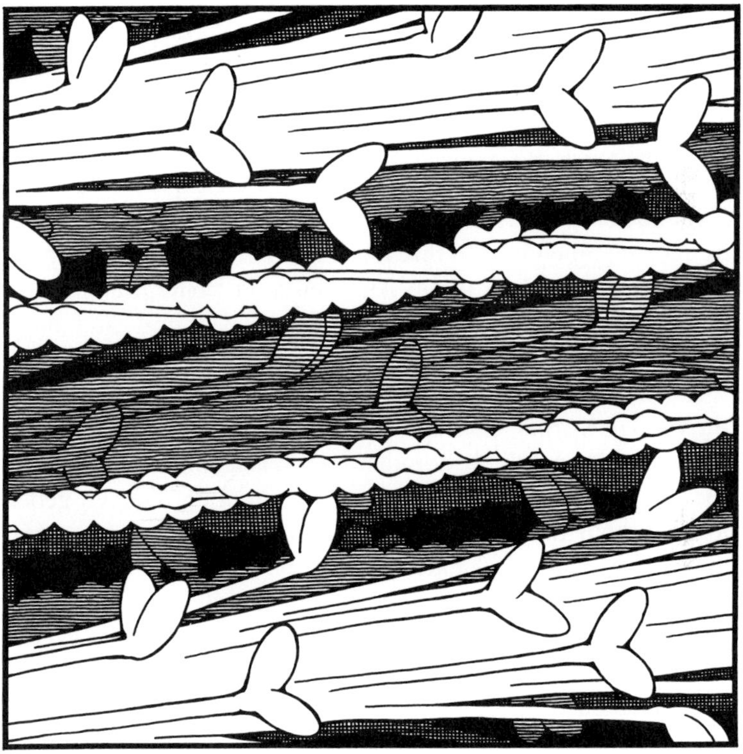

Abb. 45. Muskelkontraktion. Die Kraft für eine Muskelkontraktion entsteht durch das Zusammenwirken zweier Arten von Proteinfilamenten: dünne Actinfilamente, von denen zwei quer durch die Bildmitte verlaufen, und dicke Myosinfilamente, von denen jeweils eins oben und unten quer verläuft. Die zahlreichen Köpfchen, die aus jedem dicken Filament herausstehen, binden sich an ein benachbartes dünnes Filament und erzeugen mit Hilfe von ATP die winzigen Kraftschläge, die in ihrer Gesamtheit dafür sorgen, daß sich unsere Muskeln zusammenziehen. (1.000.000fach vergrößert)

dicht nebeneinanderliegenden Zellen könnte das elektrische Signal direkt übertragen werden, und die Zelle könnte sich die Mühe sparen, Neurotransmitter herzustellen. Diese Lösung wird auch in einigen Fällen angewendet. Die chemische Signalübertragung an den Synapsen hat jedoch einen eindeutigen Vorteil gegenüber dem direkten elektrischen Kommunikationsweg. Sie ermöglicht eine Feinabstimmung der Antwort der Empfängerzelle. Nervenzellen besitzen im allgemeinen Tausende von Axon-Terminals, die an ihrer Oberfläche enden, so daß sie eine Vielzahl von Botschaften erhalten. Bei chemischen Signalen können diese Botschaften voneinander unterschieden werden. An manchen Synapsen werden Neurotransmitter verwendet, die eine positive, elektrisch erregende Nachricht übermitteln, indem sie ein elektrisches Signal an die Empfängerzelle weiterleiten. Bei anderen Synapsen werden andere Neurotransmitter eingesetzt, die ein hemmendes Signal liefern, indem sie eine elektrische Antwort unterdrücken. Eine Nervenzelle kann Tausende dieser chemischen Signale erhalten, sowohl erregende als auch hemmende, und ihre jeweilige Anzahl bestimmt, ob ein elektrisches Signal an ihrem Axon entlang weitergeleitet wird. Nervenzellen verarbeiten also Informationen und sind nicht einfach nur passive Relais für einzelne Botschaften.

Natürlich hat es nicht viel Sinn, wenn elektrische Signale durch den Körper schießen, solange sie keine physikalische Wirkung haben. Wir bekommen Nervensignale in erster Linie über die Bewegung der Muskeln zu spüren; die Nerven geben den Muskeln den Befehl, sich zusammenzuziehen (Abb. 45). Die Kraft für die Muskelkontraktionen wird von einer Unmenge von Proteinfilamenten in den Muskelzellen bereitgestellt. Dünne Filamente, vor allem aus Actin, sind von dicken Filamenten aus Myosin umgeben. Mit Hilfe von ATP strecken sich die beweglichen Myosin-Köpfchen nach den dünnen Filamenten aus, binden an sie und machen eine Formveränderung durch, wobei sie die dünnen Filamente mit sich ziehen. Das Zusammenspiel von Millionen dieser kleinen Bewegungen läßt die Filamente aneinander vorbeigleiten, wobei sich die gesamte Zelle verkürzt. Die gemeinsame Anstrengung von Milliarden dieser Zellen schafft die Kraft, um das beträchtliche Gewicht unseres Körpers in Bewegung zu setzen.

7 Pflanzen – Energiegewinnung aus dem Sonnenlicht

Als etwa eine halbe Milliarde Jahre nach Auftreten der ersten Zellen ein Bakterium einen Glückstreffer gelandet und das erste erfolgreiche Photosystem entwickelt hatte, teilten sich die Organismen auf der Erde in zwei verschiedene Klassen: Produzenten und Konsumenten. Bis dahin hatte es nur Konsumenten gegeben; alle Lebewesen hatten ihre Stoffwechselprozesse mit Hilfe der organischen und anorganischen Substanzen angetrieben, die zu dieser Zeit als Endprodukte geochemischer Abläufe überall im Meer vorhanden waren. (Diese natürlichen, von der Erde zur Verfügung gestellten Nahrungsstoffe waren bereits in einem frühen Stadium der Evolution aufgebraucht. Heute wird diese Energiequelle nur noch von einer Handvoll Organismen genutzt – etwa von den Bakterien, die den Schwefelwasserstoff in heißen Quellen und an den hydrothermalen Öffnungen im Meeresboden verwerten.) Die Perfektion eines Photosystems – eines Proteinkomplexes, der aus einer Reihe von lichtabsorbierenden Chlorophyllmolekülen besteht – erlaubte es diesen neuartigen Bakterien, sich die Sonne als unerschöpfliche Quelle chemischer Energie zu erschließen. Die scharfe Trennung zwischen Produzenten und Konsumenten ist bis heute erhalten geblieben. Pflanzen und photosynthetische Bakterien erzeugen Nahrungsstoffe buchstäblich aus der Luft (und aus dem Licht). Alle anderen Organismen ernähren sich, auf direktem oder indirektem Wege, von Pflanzen.

Obwohl Pflanzen ortsfest sind und die wichtigsten Produzenten der Erde darstellen, sind sie ihren beweglichen Freßfeinden keineswegs schutzlos ausgeliefert. Manche von ihnen verteidigen sich selbst: Kakteen tragen einen wirkungsvollen Abwehrpanzer, der Fingerhut erzeugt ein starkes Zellgift, und

Abb. 46. Bergkugelmalve. Auf den folgenden drei Abbildungen wird eine Zelle aus dem Blatt der Bergkugelmalve (*Iliamna rivularis*) dargestellt.

Brennesseln spritzen eine Säure in die Haut des Angreifers. Andere benutzen ganz ungeniert Tiere für ihre Zwecke: Kirschen, Himbeeren und Äpfel sind eigentlich nur geschickte Hilfsmittel, um Tiere dazu zu bewegen, Samen zu verstreuen; Blüten sollen einfach nur schön wirken, und zwar auf Schmetterlinge und Bienen (Abb. 46). Pflanzen und Tiere haben die Evolution gemeinsam durchlaufen und sich gegenseitig zu immer neuen, verbesserten Strukturen und Funktionen angeregt.

Weil Pflanzen in der Lage sind, Photosynthese zu betreiben, können sie es sich erlauben, unbeweglich zu sein und an einem Ort Wurzeln zu schlagen – ganz im Gegensatz zu uns

Menschen mit unserem hektischen Lebensstil. Auch die leuchtendgrüne Farbe der Pflanzen deutet auf ihre Lebensweise hin, die sich von unserer eigenen stark unterscheidet: Pflanzen sind ständig mit der Photosynthese beschäftigt und lassen niemals auch nur ein einziges Rotlicht-Photon entwischen. Die Unterschiede zwischen den Pflanzen und uns selbst sind jedoch längst nicht so bedeutend wie die Ähnlichkeiten. Unsere gemeinsamen Ursprünge sind an jeder Zelle ablesbar. Die Grundmechanismen der Proteinsynthese, Zellteilung und Energienutzung sind bei den Pflanzenzellen und unseren eigenen Zellen praktisch gleich.

Die Zellwand

Pflanzen haben die starre äußere Zellwand, wie sie viele Mikroorganismen haben, weiter ausgebaut und sich völlig auf ein Leben in Bewegungslosigkeit festgelegt. Jede Pflanzenzelle lebt in einem stabilen, aber federnden Gehäuse. Pflanzen benutzen die Umgrenzungen der einzelnen Zellen als Stützkorsett: Während unser Körper von mineralisierten Knochen gestützt wird, halten sich Pflanzen dadurch aufrecht, daß sie ihre Zellen aufpumpen. Das Wasser, das um die Pflanzenzellen herum zirkuliert und von den Wurzeln in die Blätter gezogen wird, sickert durch Osmose in jede Zelle und schafft damit einen Innendruck, der bis zu 50mal höher ist als der Druck in der Umgebung der Zelle. In einer solchen Situation würde eine tierische Zelle so lange Wasser aufnehmen, bis sie platzt. Die Pflanzenzelle dagegen befindet sich in einem robusten Gehäuse. Die Zelle schwillt an, aber die Zellwand sorgt dafür, daß sie nicht platzt. Der so entstandene Druck dient dazu, die Pflanze aufrecht zu halten. Bekommt die Pflanze jedoch nicht genug Wasser, sinkt der Druck in den Zellen, und die Pflanze welkt.

Die Zellwand besteht hauptsächlich aus Polysacchariden (Abb. 47). Das häufigste Strukturelement ist Cellulose. Sie ist sogar das Molekül, das von den Organismen auf der Erde am häufigsten hergestellt wird. Die langen Ketten aus Glucosemolekülen in der Cellulose bilden starre Stäbe, die entlang der Zelloberfläche angeordnet sind. Die Cellulosefasern sind in eine Matrix aus anderen Polysacchariden eingebettet und bilden so die Zellwand – ähnlich wie bei einer Brücke die Verstrebungen

Abb. 47. Zellwand. Die quer durch den oberen Bildabschnitt verlaufenden Cellulosestränge werden von verzweigten Polysacchariden, wie etwa Pectin, miteinander verklebt. Die unten quer verlaufende Zellmembran enthält eine Vielzahl von Funktions- und Strukturproteinen. Im Zellinnern (ganz unten) hilft ein Microtubulus, die Zellmembran von innen abzustützen. (1.000.000fach vergrößert)

in Beton eingelassen sind. Unter diesen Matrix-Polysacchariden befinden sich Pectine, verzweigte Polysaccharidketten; Pectin wird häufig zum Andicken von Gelees und Marmeladen verwendet.

Die so entstandene Zellwand ist für große Moleküle wie Proteine und Nucleinsäuren unpassierbar; kleinen Molekülen wie Wasser und Salzen ist das Durchsickern jedoch erlaubt. Aus diesem Grunde sind Pflanzenhormone meist sehr kleine Moleküle – sie müssen sich ausreichend schnell von Zelle zu Zelle bewegen können. Gibberelline, Auxine und andere wachstumsregulierende Pflanzenhormone bestehen alle aus nur zwanzig bis dreißig Atomen. Das Hormon, das die Reifung von Pflanzen kontrolliert, ist sogar noch kleiner: Äthylengas besteht aus nur sechs Atomen.

Die Photosynthese

Die Photosynthese findet in den kleinen membranumschlossenen Chloroplasten statt, Kompartimenten, die etwa so groß sind wie Mitochondrien. Ebenso wie bei den Mitochondrien geht man auch bei den Chloroplasten davon aus, daß sie ursprünglich Besucher in der Zelle waren. Irgendwann im Früh-

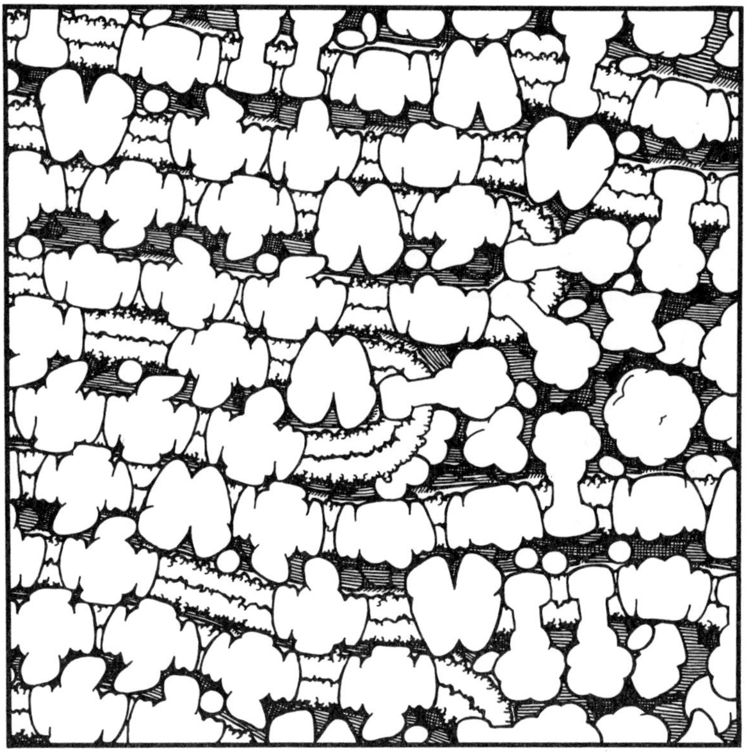

Abb. 48. Thylakoidscheiben. Die lichtabhängigen Reaktionen der Photosynthese finden in den aufeinandergestapelten Membranen der Thylakoidscheiben statt (hier im Querschnitt zu sehen). Diese Membranen sind dicht mit Photosystemen bestückt, die die Lichtenergie einfangen. Auch die übrigen Proteinkomplexe in der Kette der photosynthetischen Elektronenübertragung sind in den Membranen verankert. (1.000.000fach vergrößert)

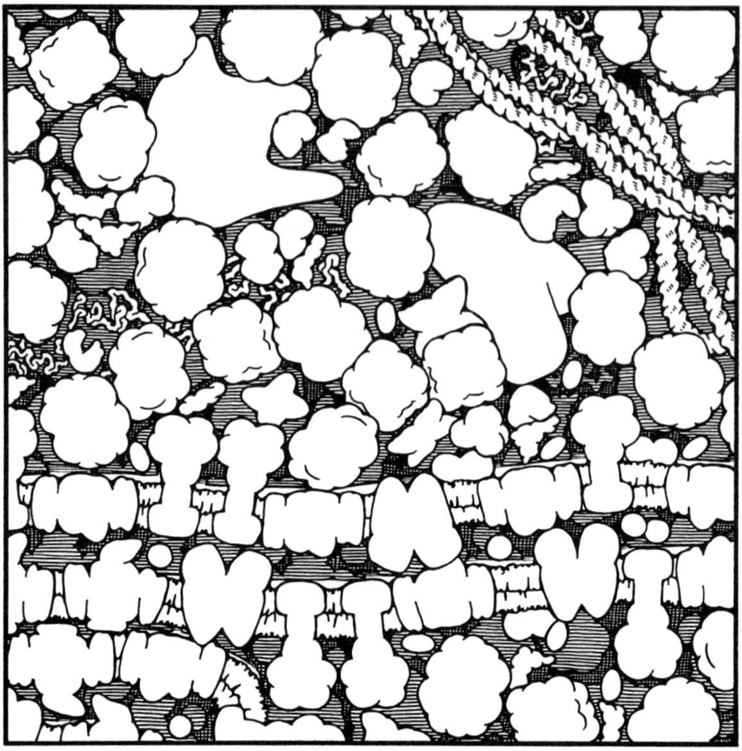

Abb. 49. Chloroplastenstroma. Die Dunkelreaktionen laufen in der Flüssigkeit ab, die die Thylakoidscheiben umgibt – dem Stroma, das in den oberen zwei Dritteln der Abbildung zu sehen ist. Das große, besonders häufig vorkommende Protein ist das Enzym Ribulosebisphosphat-Carboxylase; es sorgt dafür, daß die Schlüsselreaktion zustande kommt, bei der Kohlendioxid fixiert wird. Die Abbildung zeigt auch DNA, RNA und Ribosomen. (1.000.000fach vergrößert)

stadium der Evolution der Eukaryontenzellen drang ein photosynthetisches Bakterium in eine Zelle ein oder wurde von ihr verschlungen und richtete sich schließlich im Innern dieser Zelle häuslich ein. Moderne Chloroplasten haben ihre eigene DNA und enthalten die entsprechenden molekularen Maschinen zu deren Transkription, Translation und Reduplikation. Chloroplasten stellen etwa 120 ihrer Proteine selbst her, der Rest wird ihnen von der Wirtszelle zur Verfügung gestellt. Wie die Mitochondrien vermehren sich auch Chloroplasten, indem sie in zwei Teile auseinanderfallen und zusammen mit dem Cytoplasma an die Tochterzellen weitergegeben werden.

Chloroplasten enthalten eine chemische Batterie, die mit Licht aufgeladen wird, und Instrumente, die die Lichtenergie in organische Nährstoffe umwandeln. Die Batterie besteht aus einem Stapel Thylakoidscheiben – abgeflachten, membranumschlossenen Säckchen, in denen die Proteine für die Lichtreaktionen enthalten sind (Abb. 48). (Die Photosynthese wird in Kapitel 3 behandelt.) Bei den meisten der Proteinkomplexe, die in diesen Membranen enthalten sind, handelt es sich um Photosysteme; sie absorbieren Licht, mit dem die Elektronenübertragung von Wasser auf NADPH angetrieben wird. (Der gesamte Sauerstoff, den wir atmen, ist ein Abfallprodukt dieses Prozesses!) Die bei der Elektronenübertragung entstehende Energie dient zur Aufladung der Membran, wobei Wasserstoffionen in den engen Zwischenräumen der Thylakoidmembranen konzentriert werden. Die Ladung wird dann zur ATP-Erzeugung verwendet; dies geschieht durch einen Proteinkomplex, ähnlich dem in den Mitochondrien.

Die Dunkelreaktionen laufen im Chloroplastenstroma ab, der Flüssigkeit, die die Thylakoidscheiben umgibt (ursprünglich das Cytoplasma des ersten Photosynthese-Bakteriums) (Abb. 49). Das häufigste Enzym ist hier die Ribulosebisphosphat-Carboxylase, die unter ATP-Ausnutzung Kohlenstoff fixiert. Bei diesem Prozeß wird nutzloses Kohlendioxid in biologisch nutzbaren Zucker umgewandelt.

Teil III
Gesunde und kranke Zellen

Eine lebende Zelle ist ein hochempfindlicher Komplex aus molekularen Maschinen, die durch bestimmte Prozesse miteinander in Verbindung stehen. Es gibt nicht viel Spielraum für Fehler. Wenn ein benötigtes Vitamin nicht zur Verfügung steht, stirbt die Zelle. Wenn ein Virus ein schädliches Stück Nucleinsäure einschleust, stirbt die Zelle. Wenn ein Gift ein Schlüsselenzym zerstört, stirbt die Zelle.

8 Vitamine

Vitamine sind lebenswichtige Bindeglieder in unserem Stoffwechsel: Moleküle, die unser Körper unbedingt braucht, die unsere Zellen aber nicht selbst herstellen können. Irgendwann im Laufe der Evolution ging unseren ältesten Vorfahren die Fähigkeit zum Aufbau dieser Moleküle verloren, wahrscheinlich deshalb, weil sie immer in der Nahrung enthalten waren. Heute haben wir keine Wahl mehr. Wir müssen diese wichtigen Moleküle mit unserer Nahrung zu uns nehmen.

Von alters her wurden in der Volksmedizin Nahrungsmittel gegen bestimmte Beschwerden verordnet: Karotten oder Leber gegen Nachtblindheit, Lebertran gegen Rachitis und Hagebuttentee oder Zitronen gegen Skorbut. Oft beruht die Wirkung solcher volkstümlicher Heilmittel auf dem Vitamingehalt der Speisen. Die wissenschaftliche Analyse hat ergeben, daß jeweils ganz bestimmte Moleküle für die Heilkraft eines Nahrungsmittels verantwortlich sind. Der erste Stoff, der unter diesem Aspekt untersucht wurde, das Thiamin, gab den Vitaminen ihren Namen: Amine, die »vital«, also lebenswichtig, sind.

Vitamin A (Retinal)

Retinal, besser bekannt als Vitamin A, ist das Molekül, das in unseren Augen die Lichtwahrnehmung steuert (Abb. 50). Nahrungsmittel, die reich an Retinal sind, vor allem Leber, wurden schon im Altertum gegen Nachtblindheit verordnet. Wenn Seeleute die Leber eines Fisches oder Vogels verzehrten, verbesserte sich ihr Sehvermögen buchstäblich über Nacht. Retinal besteht aus einem Strang aus Kohlenstoffatomen, der bereitwillig die Energie aus einem Photon Licht aufnimmt. Bei der

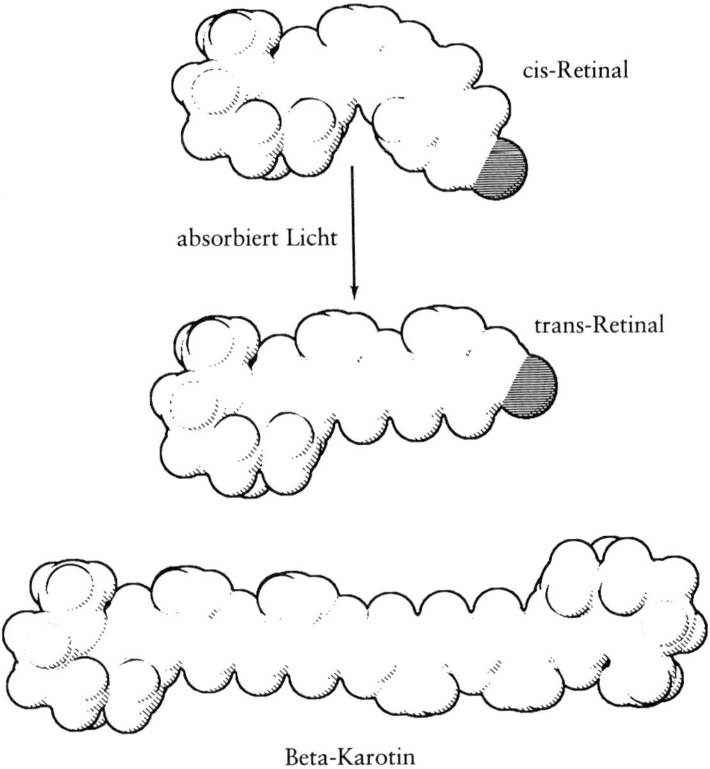

Abb. 50. Vitamin A. Vitamin A entspricht beinahe genau einer Hälfte des gelben Pigments in Karotten, dem Beta-Karotin. Bei Lichteinwirkung verändert Vitamin A seine Form; es geht von der gekrümmten *cis*-Form in die gerade *trans*-Form über. Unsere Augen nehmen Licht wahr, indem sie diese Formveränderung »sehen«. (30.000.000fach vergrößert)

Lichtabsorption geht das Retinal von einer gekrümmten in eine längliche Form über. Der Unterschied ist so groß, daß ihn das in der Membran verankerte Protein Opsin mühelos wahrnehmen kann. Opsin bindet in seiner Mitte ein Retinalmolekül; ändert nun das Retinal seine Form, so löst Opsin seinerseits ein Nervensignal aus, das dem Gehirn mitteilt, daß die Zelle gerade ein Photon Licht gesehen hat.

Vitamin A ist stark hydrophob, also gut fettlöslich. Dies hat für unseren Körper wichtige Konsequenzen. Überschüssiges Vitamin A wird nicht ausgeschieden wie wasserlösliche Vitamine. Es reichert sich in den fetthaltigen Teilen der Leber an und erreicht toxische Werte, wenn die Konzentration dort zu hoch wird. Bei normaler Kost stellt sich das Problem nicht; wird jedoch stark dosiertes Vitamin A zur Behandlung von Akne oder zur Erkältungsvorbeugung eingenommen, kann es durchaus zu einer Vergiftung kommen.

Hier in Europa ist das typische Hausmittel gegen Nachtblindheit die Karotte. Karotten und andere gelbe und dunkelgrüne Gemüsesorten enthalten Moleküle, die die gleiche Wirkung zeigen wie Retinal: leuchtend gelbe und orangefarbene Karotine – doppelt so groß wie ein Retinalmolekül. Bestimmte Enzyme in unseren Zellen spalten die Karotinmoleküle in verwertbare Retinalmoleküle auf.

Die B-Vitamine

Unser Körper benötigt mehrere Vitamine zum Aufbau bestimmter Transportmoleküle, die Wasserstoff-, Stickstoff- oder Kohlenstoffatome zwischen verschiedenen Enzymen hin- und hertransportieren. Diese Vitamine bilden zusammen den B-Komplex (Abb. 51). Wir nehmen im allgemeinen aus Milch, Fleisch und Eiern sowie Müsli und mit Vitaminen angereicherten Cornflakes ausreichende Mengen der B-Vitamine zu uns.

Als erstes wurde das Thiamin (Vitamin B_1) entdeckt, und zwar als Mittel gegen die tödliche Krankheit Beriberi. Sie befiel Anfang des Jahrhunderts Menschen in Ostasien, kurz nachdem sie begonnen hatten, in schönster europäischer Tradition geschälten Reis ohne die unansehnlichen braunen Randschichten (polierten Reis) zu essen. Von der Krankheit wird der gesamte Körper in Mitleidenschaft gezogen; sie beginnt nach wenigen Tagen mit geistiger Verwirrung und unkoordinierten Bewegungen; in ihrem Verlauf kommt es zu fortschreitenden neuromuskulären Problemen und Flüssigkeitseinlagerung in den Geweben. Die Schwere der Symptome beweist, welch zentrale Rolle das Thiamin spielt.

An das eine Ende des Thiaminmoleküls werden zwei Phosphatmoleküle angefügt, wodurch Thiamin-Pyrophosphat (TPP) entsteht; nun kann das Thiamin von verschiedenen Schlüsselenzymen genutzt werden. Zwei an der zentralen Reaktionsfolge der Energiegewinnung beteiligte Enzyme benötigen Thiamin: bei dem auf die Glycolyse folgenden Schritt (ausgeführt von dem großen Enzymkomplex Pyruvat-Dehydrogenase)

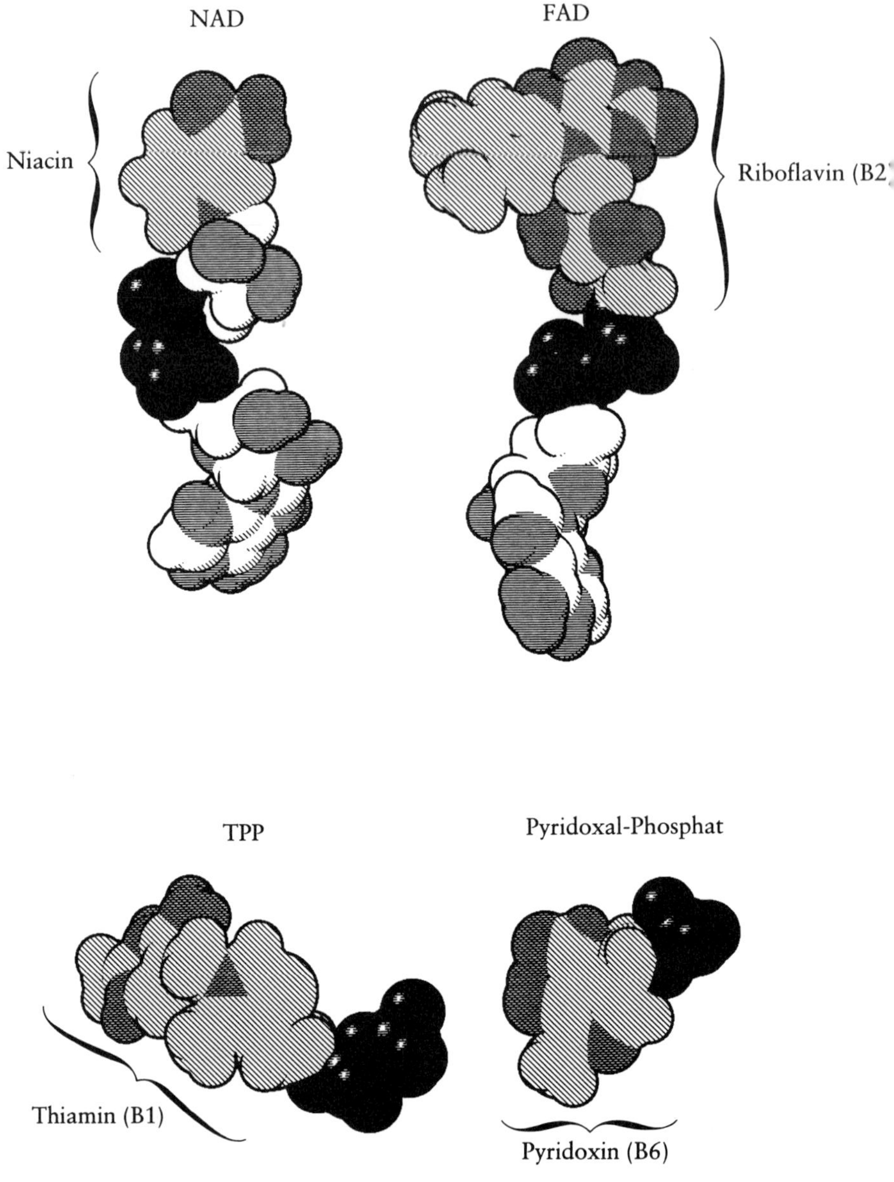

Abb. 51. Die B-Vitamine. Die B-Vitamine dienen zum Aufbau von Transportmolekülen in unseren Zellen. Der aus dem Vitamin aufgebaute Abschnitt des Transportmoleküls ist jeweils schraffiert hervorgehoben. (30.000.000fach vergrößert)

und bei einer ähnlichen Reaktion im Zitronensäurezyklus. Thiamin besitzt ein besonders reaktionsfreudiges Kohlenstoffatom; es wird von den Enzymen dazu benutzt, den Molekülen, die gerade gespalten werden, jeweils ein Kohlendioxidmolekül abzulocken.

Riboflavin (Vitamin B_2) und Niacin werden zum Aufbau der beiden Carriermoleküle gebraucht, die Wasserstoffatome durch die Zelle transportieren: Riboflavin für FAD (Flavin-Adenin-Dinucleotid) und Niacin für NAD (Nicotinamid-Adenin-Dinucleotid). Niacin ist strenggenommen kein Vitamin, weil unsere Zellen es aus der Aminosäure Tryptophan aufbauen können. Doch seine Synthese ist uneffektiv. Die vielfältigen Quellen für Niacin in unserer Nahrung reichen zur Deckung unseres Stoffwechselbedarfs aus; also machen sich unsere Zellen normalerweise nicht die Mühe, Niacin selbst herzustellen.

Pyrodoxin (Vitamin B_6) spielt eine zentrale Rolle beim Aminosäurestoffwechsel. Es wird in der Zelle durch Hinzufügen einer Phosphatgruppe zu Pyridoxal-Phosphat umgebaut. Pyridoxal-Phosphat hat, genauso wie Thiamin, ein besonders reaktionsfreudiges Kohlenstoffatom, das an vielen Enzymreaktionen beteiligt ist. Es wird bei Reaktionen, in denen Aminosäuren auf- oder abgebaut werden, von den stickstoffübertragenden Enzymen benötigt. Vitamin B_6 wird außerdem von mehreren Enzymen gebraucht, die die Neurotransmitter Norepinephrin und Serotonin herstellen. Die Symptome eines Vitamin-B_6-Mangels werden meist durch das Fehlen dieser Neurotransmitter verursacht, angefangen mit Nervosität und Depression bis hin zu schweren Nervenleiden.

Vitamin C (Ascorbinsäure)

Die einfache Struktur der Ascorbinsäure – besser bekannt als Vitamin C – täuscht darüber hinweg, daß es sich hierbei um ein heiß umstrittenes Vitamin handelt (Abb. 52). Seine vieldiskutierte Wirksamkeit gegen Erkältungen ist in zahlreichen Tests untersucht worden. Große Vitamin-C-Dosen scheinen den Verlauf der Erkältung abzumildern, nicht jedoch die Häufigkeit einer Erkrankung. Vitamin C scheint außerdem das Krebsrisiko zu verringern, wie auch andere Antioxidantien, wie die oben im Zusammenhang mit Vitamin A erwähnten Karotine. Antioxi-

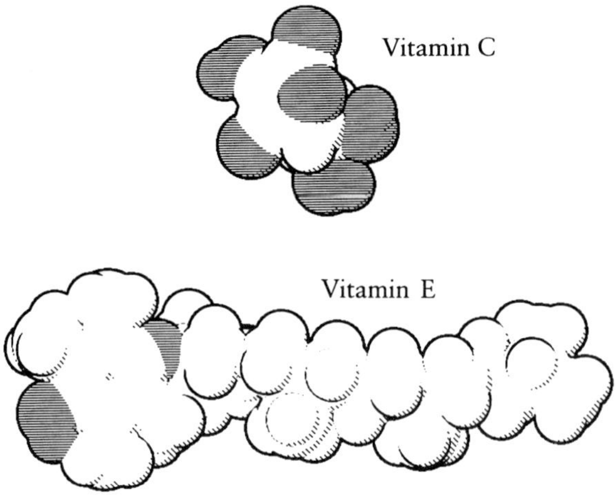

Abb. 52. Vitamin C und E. Die Vitamine C und E wirken in unseren Zellen als Antioxidantien. Vitamin E besitzt einen langen hydrophoben Schwanz und erfüllt seine Aufgabe in gelöster Form in Lipidmembranen. Das eher wasserlösliche Vitamin C findet sich in den Körperflüssigkeiten, wo es dem Schutz wasserlöslicher Moleküle dient. (30.000.000fach vergrößert)

danzien tragen dazu bei, die Zelle vor der verheerenden Wirkung des Sauerstoffs zu schützen, der Lipide und Proteine zerstören kann.

Die Hauptfunktion von Vitamin C in unserem Körper entzieht sich jedoch noch immer einer genauen Definition. Seine deutlichste Wirkung zeigt das Vitamin bei der Bildung von Collagen, dem Strukturmolekül der Knorpel. Das erklärt die unangenehmen Symptome einer Skorbut-Erkrankung: Zahnausfall, verzögerte Wundheilung und Blutungen. Die Volksmedizin kennt viele Mittel, um die verheerenden Wirkungen des Skorbuts abzuwenden, wenn keine Zitrusfrüchte zur Verfügung stehen: Die Skandinavier trinken Hagebuttentee, und die Eskimos essen rohen Fisch.

Für diese Funktion ist jedoch nur eine geringe Vitamin-C-Menge erforderlich, so daß die hohen Konzentrationen, die sowohl in tierischen als auch in pflanzlichen Geweben gefunden wurden, schwer erklärbar sind. Die Hauptfunktion des Vitamins ist wohl seine Wirkung als Antioxidans in der Zelle – der Schutz unserer Moleküle vor dem Sauerstoff.

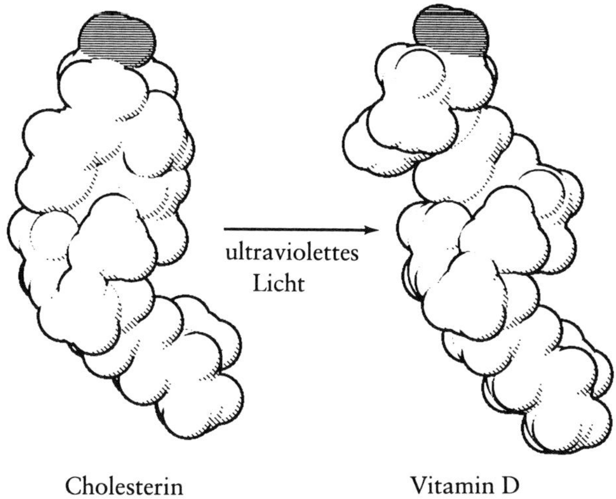

Abb. 53. Vitamin D. Unter Einwirkung von ultraviolettem Licht wird in unserer Haut eine Cholesterinbindung aufgebrochen, und es entsteht Vitamin D. In Leber und Nieren werden dann mehrere Sauerstoffatome hinzugefügt, so daß ein Hormon entsteht, das zur Regulierung des Calciumspiegels dient. (3.000.000fach vergrößert)

Vitamin D

Vitamin D dient in unserem Körper als Hormon, das die Aufnahme und Abgabe von Calcium in unseren Knochen reguliert (Abb. 53). Der Körper kann Vitamin D erzeugen, solange wir dem Sonnenlicht ausgesetzt sind. Es wird unter Einwirkung von ultraviolettem Licht in der Haut gebildet, indem bei einem bestimmten Cholesterin-Typ eine Bindung aufgebrochen wird.

Probleme gibt es immer dann, wenn Menschen nicht genug an die Sonne kommen; dies gilt besonders für die Bewohner der nördlichen Breiten, in denen meist wolkiges Wetter herrscht. Sie können selbst nicht genug von dem Vitamin erzeugen und müssen es als Nahrungsergänzung zu sich nehmen, so wie der berüchtigte Löffel Lebertran, den man den Kindern in England einflößt. Im Winter geborene Kinder sind besonders anfällig. Da ihnen während der ersten Lebensmonate dieses notwendige Vitamin fehlt, entwickeln sie nur schwach ausgebildete Knochen, wie sie für Rachitis charakteristisch sind.

Vitamin E (Tocopherol)

Auch Vitamin E ist ein umstrittenes Vitamin (Abb. 52). Seine Rolle in unserem Körper ist noch immer unklar. Ebenso wie Vitamin C ist es ein starkes Antioxidans. Im Gegensatz zu diesem ist es jedoch weitgehend hydrophob und damit fettlöslich. So besteht die wichtigste Rolle von Vitamin E wahrscheinlich darin, Lipide vor Sauerstoff zu schützen. Die Oxidation von Lipiden ist höchst unerwünscht: Wenn Butter und Streichfett ranzig werden, so bedeutet das nichts anderes, als daß sie vom Sauerstoff in der Luft oxidiert werden. Zellen wollen nicht, daß ihre Zelllmembranen ranzig werden.

Der Name Tocopherol ist von dem griechischen Wort für Geburt abgeleitet; man fand heraus, daß ein Mangel an Vitamin E bei Mäusen zu Sterilität führt. Diese Wirkung tritt bei Menschen nicht ein. Die Symptome eines Vitamin-E-Mangels beim Menschen sind im Grunde noch nicht genau bekannt.

9 Viren – ein biologischer Raubüberfall

Stellen Sie sich vor, Sie wollten eine Zelle dazu zwingen, große Mengen eines bestimmten Proteins herzustellen. Was könnten Sie tun, um die normalen Abläufe in der Zelle so zu unterminieren, daß die Zelle Ihren Willen erfüllt? Es würde vielleicht schon genügen, ein kurzes Stück DNA, durch das das gewünschte Protein kodiert wird, in die Zelle einzuspritzen. Die molekularen Maschinen im Zellkern würden die fremde DNA dann in mRNA transkribieren; die mRNA würde im Cytoplasma schließlich in Ihr Protein übersetzt werden. Diese Methode wird heute von vielen Firmen im Bereich der Gentechnologie angewandt, um Bakterien und Hefezellen dazu zu bewegen, in großem Umfang Insulin und Wachstumshormone für medizinische Zwecke zu erzeugen.

Dieser Prozeß ist jedoch nicht sonderlich effizient, denn die injizierte DNA muß sich gegen die gesamte normale DNA der Zelle durchsetzen. Das Problem läßt sich dadurch umgehen, daß Sie zusammen mit der DNA eine spezielle Polymerase in die Zelle einspritzen, die nur Ihren kurzen DNA-Abschnitt, nicht aber die zelleigene DNA, in RNA transkribiert. Das Cytoplasma reichert sich dann mit der RNA-Kodierung für Ihr Protein an, so daß immer mehr davon erzeugt wird. Als nächstes injizieren Sie zusammen mit der DNA und der Polymerase ein zweites Enzym, und zwar eines, das die normalen Polymerasemoleküle der Zelle ausfindig macht und zerstört. Diese beiden Enzyme bringen die normale Proteinsynthese der Zelle völlig zum Erliegen. Die Zelle füllt sich mit großen Mengen Ihres Enzyms und stirbt schließlich ab, wenn ihre eigenen Vorräte erschöpft sind.

Diese Methode läßt sich noch etwas verfeinern. Injizieren Sie statt des kurzen DNA-Abschnitts ein DNA-Molekül, das

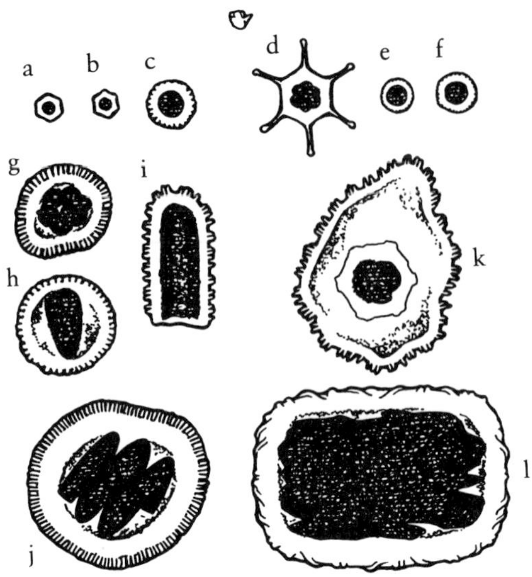

Abb. 54 a-l. Viren. Viren gibt es in vielen Formen und Größen. Die einfachsten unter ihnen bestehen aus einer einfachen Proteinhülle, die einen Nucleinsäurestrang umschließt: RNA beim Poliovirus (**a**), dem Rhinovirus (Erkältungsvirus) (**b**) und dem Rötelnvirus (**c**); DNA beim Adenovirus (**d**), dem Hepatitisvirus (**e**) und dem Papillomavirus (Warzen) (**f**). Andere Viren sind von einer Lipid-Doppelschicht umgeben, die mit Proteinen besetzt ist, und enthalten in ihrem Innern eine Vielzahl von Proteinen und Nucleinsäuren. RNA-enthaltende Viren sind das Influenza-(Grippe-)Virus (**g**), das Human-Immunodeficiency-(HIV-)Virus (**h**), das Tollwutvirus (**i**) und das Mumps- bzw. Masernvirus (**j**). DNA-haltige Viren sind das Herpesvirus (**k**) und das Pockenvirus (**l**). Zum Größenvergleich oben ein Bakterien-Ribosom. (100.000fach vergrößert)

alle drei Proteine kodiert: Ihr gewünschtes Protein, die Polymerase und das zerstörerische Enzym. Wird diese längere DNA-Kette injiziert, so produzieren die Maschinen der Zelle alle drei Proteine und setzen gleichzeitig ihre normale Arbeit fort. Wenn die neuen Transkriptions- und Inhibitor-Proteine jedoch eine bestimmte Konzentration erreicht haben, kommt die normale Transkription in der Zelle zum Erliegen, und die Zelle stellt nur noch Ihre Proteine her. Sie erzeugt dabei mehr Polymerase als nötig – all das aus einem einzigen Stück DNA.

Viren gehen nach dem gleichen Prinzip vor. Sie spritzen einen Nucleinsäurestrang in die Zelle hinein (bei manchen Viren ist es DNA, bei manchen RNA), der die Anweisung gibt, eine neue Polymerase und Proteine zu erzeugen, die die übrigen zellulären Prozesse zum Stillstand bringen. Die Proteine, die für ein Virus von Interesse sind – so wie Insulin und Wachstumshormone für die Gentechnologie-Konzerne –, sind seine eigenen Bestandteile. Viren können eine Zelle völlig in ihre Gewalt bringen: Nachdem die befallene Zelle die Polymerase hergestellt hat, ist sie gezwungen, Millionen neuer Viren zu erzeugen. Wenn die Vorräte ihres Wirts aufgebraucht sind, quellen die neuen Viren aus der Zelle heraus und suchen sich andere, gesunde Zellen, um ihnen ihre Nucleinsäure einzuspritzen.

Dennoch zählen die Viren nicht zu den Lebewesen (Abb. 54). Die einfachsten unter ihnen bestehen aus einem einzelnen Nucleinsäurestrang, der von einer dünnen Proteinschicht umgeben ist; das Ganze hat kaum die Größe eines Ribosomen. Es ist erstaunlich, daß dies für die Viren ausreicht, um eine Zelle in ihre Gewalt zu bringen. Doch ohne die molekularen Maschinen einer Zelle sind Viren hilflose Wesen. Sie können sich nicht selbst vermehren. Sie können keinen ihrer eigenen Bestandteile – Aminosäuren und Nucleotide – selbst herstellen. Sie sind blinde Angreifer, zur Untätigkeit verdammt, bis sie auf eine lebende Zelle stoßen.

Poliovirus und Rhinovirus

Das Poliovirus, Erreger der Kinderlähmung, und das Rhinovirus, Hauptverursacher der gewöhnlichen Erkältungskrankheiten, sind zwei der einfachsten Viren, die den Menschen befallen. Sie bestehen aus einem einzelnen RNA-Strang, etwa 7500 Nucleotide lang, der in einer hohlen Kapsel mit einer Proteinhülle eingeschlossen ist. Die Hülle besteht aus vier verschiedenen Proteintypen, die sich wie Platten zu einer Kuppel anlagern. Diese Viren sind so einheitlich aufgebaut, daß Forscher sie kristallisieren können, um ihre genaue atomare Zusammensetzung festzustellen.

Die Entwicklung des Polio-Impfstoffes gilt als einer der größten Triumphe in der modernen Medizin, während sich erzürnte Steuerzahler oft über das Fehlen eines Heilmittels gegen banale Erkältungskrankheiten beklagen. Der Grund für diesen auffallenden Kontrast ist einfach und liegt in der Natur der Viren selbst. Es gibt nur drei Poliovirus-Typen, die jeweils etwas unterschiedliche Hüllenproteine besitzen. Unser Körper benötigt drei verschiedene Typen von Antikörpern, um jeden beliebigen Poliovirus, mit dem er in Berührung kommen könnte, zu erkennen und zu zerstören. Mit Hilfe einer großangelegten Spendenkampagne entwickelten Jonas Salk und Albert Sabin den heute weitverbreiteten Impfstoff. (Erst in jüngerer Zeit wird die biologische und medizinische Forschung von staatlicher Seite gefördert; früher war die Forschung meist von privater Unterstützung abhängig.) Impfstoffe bestehen aus echten Viruspartikeln, die chemisch deaktiviert oder geschwächt werden, aber trotzdem den Körper dazu anregen können, Antikörper zur Vorbereitung auf eine echte Attacke des Virus zu bilden. Der Trick dabei ist, daß alle drei Viren im Impfstoff enthalten sein müssen, damit der Körper gegen alle drei gleichzeitig Antikörper erzeugt.

Genau darin liegt aber das Problem mit einem Impfstoff gegen Erkältungen. Es sind über hundert Rhinovirus-Arten bekannt, die Erkältungskrankheiten verursachen. Jede der Erkältungen, die wir durchleiden, ist auf einen Virustyp zurückzuführen, mit dem wir vorher noch nicht in Berührung gekommen waren und gegen den wir somit auch keine Antikörper besitzen. Die Vielfalt an Erkältungsviren ist so groß, daß sie keine erfolgreiche Impfung zuläßt.

Die unterschiedliche klinische Wirkung der beiden Viren beruht auf einem Unterschied in ihrer Proteinhülle. Die Hülle des Poliovirus bleibt bei Säureeinwirkung stabil, die des Rhinovirus dagegen nicht. Wenn wir die Viren mit der Nahrung aufnehmen oder infiziertes Aerosolspray einatmen, befallen die Viren unterschiedliche Stellen im Körper. Das Poliovirus fühlt sich im sauren Milieu des Magens ausgesprochen wohl, so daß es dort Zellen infizieren und sich über die Lymphflüssigkeit überall im Körper ausbreiten kann. Das Rhinovirus dagegen wird im Magen zerstört und entfaltet seine größte Wirkung im oberen Bereich des Körpers, im Hals und in der Nase. Durch seine Instabilität ist das Rhinovirus auf ungünstige Körperstellen beschränkt, während das Poliovirus aufgrund seiner Stabilität in zentrale Bereiche des Körpers vordringen kann. Die meisten mit dem Poliovirus infizierten Menschen bekommen lediglich hohes Fieber, doch bei etwa 1% der Infizierten zeigt das Virus eine stärkere Wirkung, indem es schwere Schäden an Nervenzellen und Gehirn hervorruft. Zum Glück ist es aber so, daß der wirkungsvollere Krankheitserreger auch gleichzeitig der ist, den wir wirkungsvoll bekämpfen können.

Poliovirus und Rhinovirus sind sehr klein und können nur eine begrenzte Informationsmenge mit sich führen. Der RNA-Strang des Poliovirus ist lang genug, um etwa zehn Proteine zu kodieren. All seine Funktionen müssen allein mit diesen etwa zehn Proteinen zu erfüllen sein. Für mehr ist einfach kein Platz. Das erste Protein, das ein Poliovirus benötigt, ist eine spezielle Polymerase, die RNA aufbaut, wobei sie RNA anstatt DNA als Matrize benutzt. Als zweites muß die RNA des Poliovirus von der normalen RNA der Wirtszelle zu unterscheiden sein. Das Poliovirus markiert deshalb seine RNA, indem es ihr an einem Ende ein kleines Protein anfügt. Alle neu erzeugten RNA-Moleküle bekommen kurz nach ihrer Fertigstellung dieses Protein angehängt.

Das dritte Protein, das vom Poliovirus aufgebaut wird, ist eine Protease – ein Enzym, das Proteinketten aufbricht, ähnlich unseren Verdauungsenzymen. Da die RNA des Poliovirus aus einem einzigen langen Abschnitt besteht, wird sie in eine lange Proteinkette übersetzt, die in die etwa zehn verschiedenen Proteine auseinandergebrochen werden muß. Manche dieser Spaltungen erfolgen von selbst, andere erfordern Hilfe von außen. Deshalb ist das dritte Protein eine spezielle Protease, die die Proteinkette an den richtigen Stellen auseinanderbricht. Vier weitere Proteine werden benötigt, um die Hülle um das intakte Virus herum aufzubauen; damit kommen wir auf sieben Proteine. Die genaue Funktion der übrigen ca. drei Proteine ist noch weitgehend unbekannt. Ihre Aufgabe besteht wahrscheinlich darin, die Synthese der normalen Proteine der Zelle zu stoppen.

Diese wenigen Proteine steuern einen Lebenszyklus, der mit dem Tod der Zelle endet (Abb. 55). Der Zyklus beginnt damit, daß sich Viren in der ihr Opfer umgebenden Flüssigkeit bewegen. Die Oberfläche des Virus hat ein Netz von Ausstülpungen, die Glycoproteine auf der Oberfläche von Zellen erkennen und sich mit ihnen verbinden. In einem noch nicht genau erforschten Prozeß werden die Hüllenproteine durch diese Bindung dazu veranlaßt, sich anders anzuordnen, und die RNA wird in die Zelle hineingedrückt.

Dort angekommen, wird die RNA von den Ribosomen der Zelle in ein langes Protein übersetzt, das in mehrere Teile auseinanderbricht. Eines der Bruchstücke, die Polymerase, be-

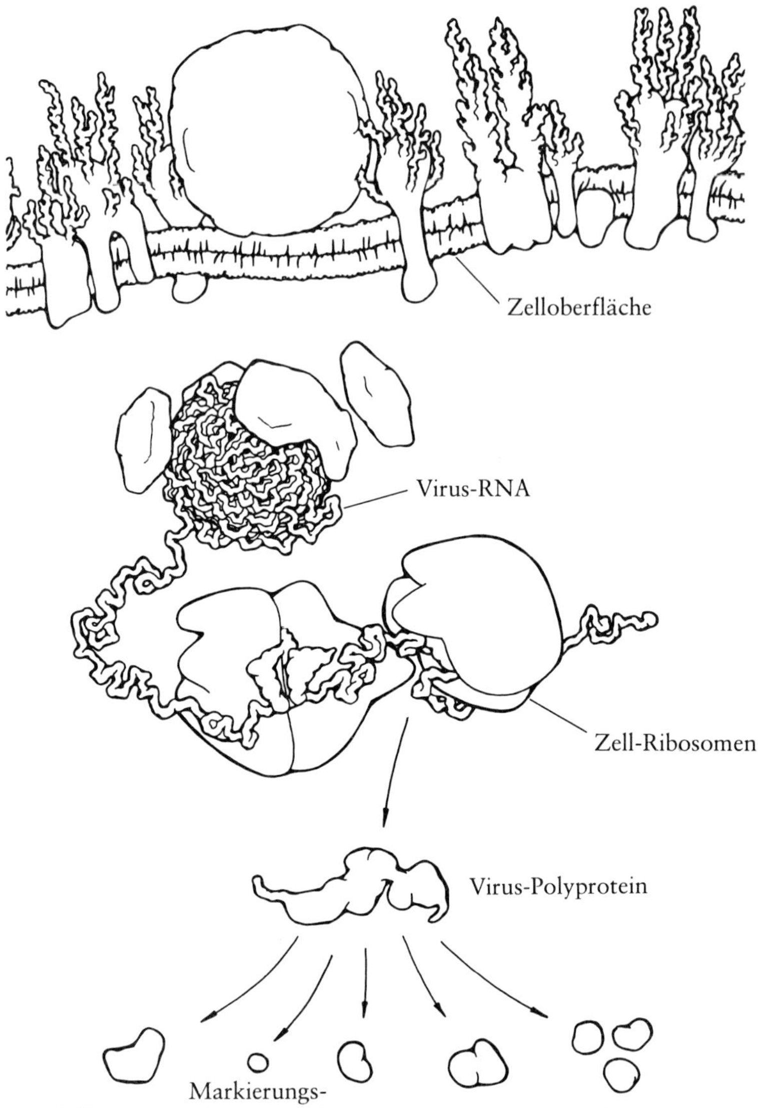

Abb. 55. a Lebenszyklus des Poliovirus. Viren erkennen Glycoproteine an der Oberfläche einer Zelle und verbinden sich mit ihnen (oben). Ist die virale RNA ins Innere der Zelle gelangt, bauen die Ribosomen der Zelle ein langes Virus-Protein auf (Mitte), das in mehrere Teile mit unterschiedlicher Funktion aufgespalten wird (unten).

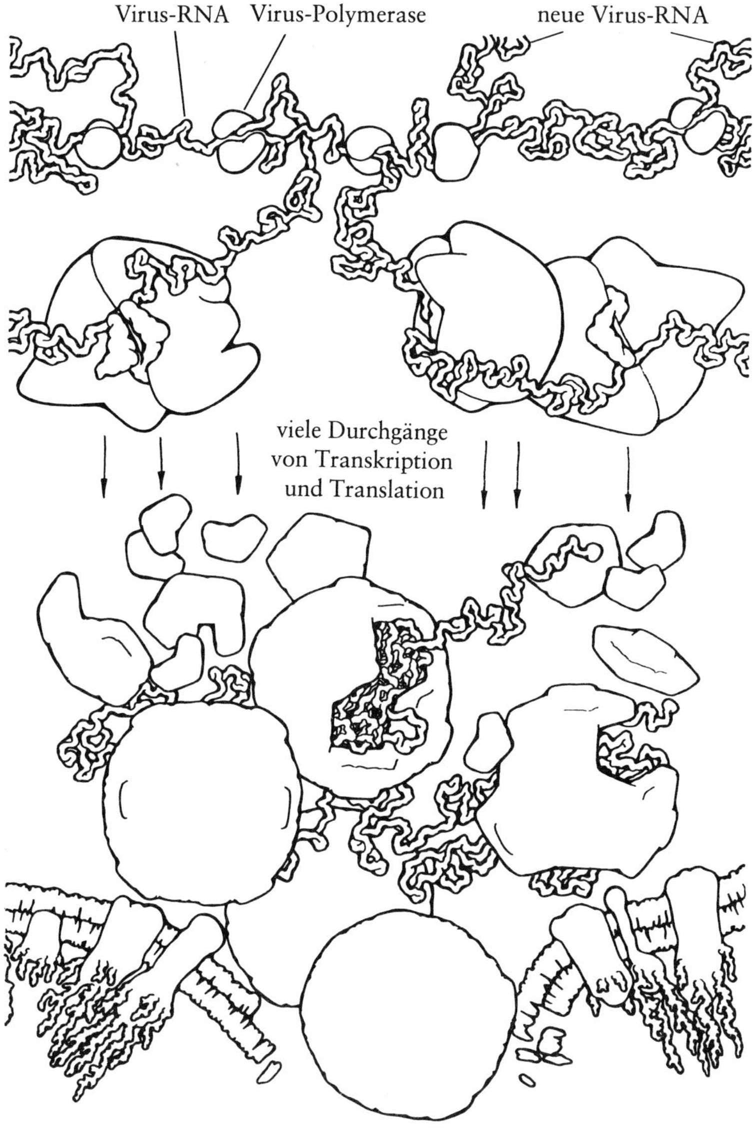

Abb. 55. b. Lebenszyklus des Poliovirus. Danach bauen die neuen Polymerasemoleküle aus der ursprünglichen RNA des Virus immer mehr RNA auf (oben). Bei mehreren Durchgängen der RNA-Synthese und der Synthese von Virus-Protein werden große Mengen von RNA und Hüllenproteinen aufgebaut (Mitte), die gemeinsam ausgereifte Viren bilden und aus den Zellen herausbrechen (unten). (1.000.000fach vergrößert)

ginnt mit der Herstellung weiterer RNA-Moleküle, wobei es sich aus dem Nucleotid-Vorrat der Zelle bedient. Andere Proteinstücke zerstören den normalen Transkriptions-Apparat der Zelle. Wenn die Zahl der viralen RNA-Moleküle steigt und aus ihnen immer größere Mengen von Hüllenproteinen hergestellt werden, beginnen sich neue Viren zu bilden. Jedes enthält eins der neuen RNA-Moleküle, verpackt in eine Hülle aus neu gebauten Proteinen. Die viralen Polymerasemoleküle und andere Enzyme bleiben in der Zelle zurück. Im Virus ist einfach nicht genug Platz für etwas anderes als RNA. Schließlich bricht die Zelle auseinander, die neuen Viren schwärmen zu anderen Zellen aus, und der Zyklus beginnt von neuem.

Das Grippevirus

Das Virus, das Grippe hervorruft, ist komplexer gebaut als Polio- und Rhinovirus, und deshalb noch schwieriger auszurotten. Die Grippe hat seit jeher viele Menschenleben gefordert. Noch in jüngerer Zeit, nach dem Ersten Weltkrieg, starben während einer Grippe-Epidemie zwanzig Millionen Menschen – mehr als im Krieg selbst. Die hartnäckige Wirksamkeit des Grippevirus als Krankheitserreger liegt in seiner Struktur begründet: Seine genetische Information wird über acht getrennte RNA-Stränge übertragen, von denen jeder eine Reihe von Proteinen kodiert. Wie beim Erkältungsvirus gibt es auch beim Grippevirus viele verschiedene Typen. Doch die segmentierte RNA des Grippevirus verleiht ihm einen zusätzlichen Vorteil. Wenn zwei verschiedene Viren dieselbe Zelle befallen, können sich die verschiedenen RNA-Moleküle mischen. Neue Viren entstehen, die Teile von jedem der ursprünglichen Viren enthalten, und in manchen finden sich die jeweils besten Teile zusammen. Die Grippe mischt ständig ihre Gene neu und verändert sie bei jeder Infektionsrunde. Die Antikörper, die wir heute gegen eine Infektion bilden, sind beim nächsten Mal höchstwahrscheinlich nutzlos.

Das Grippevirus ist größer und hat eine komplexere Struktur als das Polio- und das Rhinovirus (Abb. 56). Es ist von einer proteinbesetzten Lipid-Doppelschicht umhüllt; die Proteine erkennen die Oberfläche der Zellen, die befallen werden sollen. Diese Lipid-Doppelschicht wird nicht vom Virus aufge-

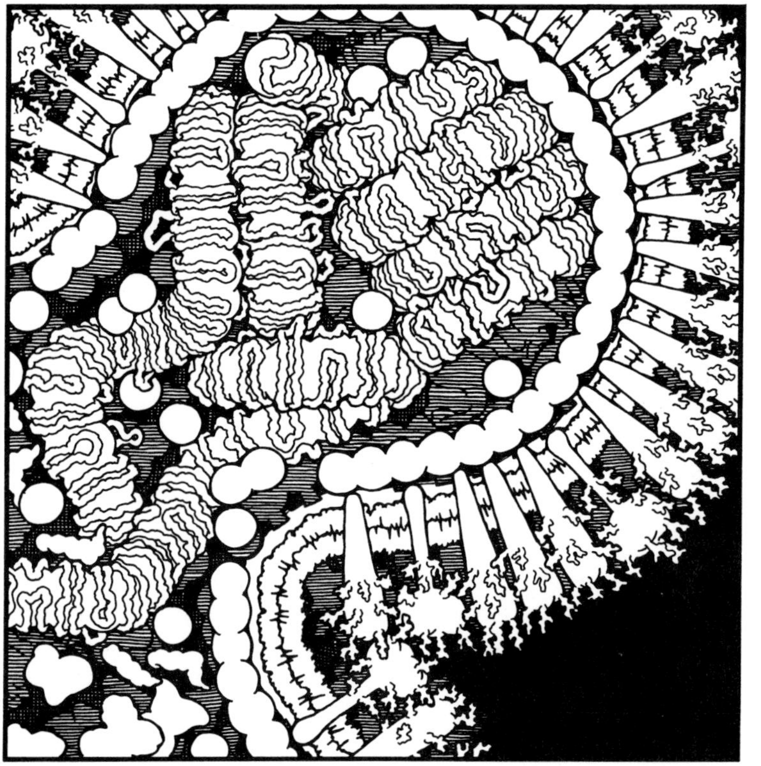

Abb. 56. Grippevirus. Das Grippevirus schnürt an der Zelloberfläche Knospen ab, anstatt die Zelle auseinanderzubrechen, wie es das Poliovirus tut. In diesem Querschnitt ist links unten das Zellinnere dargestellt, und beinahe formatfüllend ist ein abknospendes Virus zu sehen. Die virale Nucleinsäure hat sich mit Proteinen verbunden und bildet im Innern des Virus lange, schraubenförmige Bündel. Die Proteine an der Innenseite der Membran dienen dazu, die Knospe abzustoßen, und die strahlenförmig nach außen wegstehenden Proteine helfen dem Virus, die Zellen zu erkennen, die sie angreifen wollen, und sich an sie zu binden. (1.000.000fach vergrößert)

baut, sondern der infizierten Zelle gestohlen. Die letzten Schritte beim Zusammenbau des Virus erfolgen an der Oberfläche der Zelle. Proteine sammeln sich an der Innenseite und bilden nach außen hin Knospen aus. Wenn sich die neuen Viren abschnüren, nehmen sie eine Hülle aus Zellmembran mit.

Das Human-Immunodeficiency-Virus (AIDS-Virus)

Das AIDS-Virus ist noch heimtückischer als die oben beschriebenen Viren. Es handelt sich um ein Retrovirus, das sich von anderen Viren durch einen bestimmten Aspekt seiner Lebensweise unterscheidet, was eine erschreckende Wirkung hat. Das Virus enthält zwei neuartige Enzyme: eine Umkehr-Transcriptase, die bei der Herstellung eines DNA-Stranges die virale RNA als Matrize benutzt (die Umkehrung der normalen Transkription von DNA zu RNA), und eine Integrase, die es dieser DNA ermöglicht, in den Zellkern unserer Zellen einzudringen und sich durch Spleißen in die normale DNA der Zelle einzuschleusen. Das hat katastrophale Folgen: Die Virus-DNA ist von unserer eigenen DNA praktisch nicht mehr zu unterscheiden. Sie verdoppelt sich zusammen mit unserer normalen DNA bei der Zellteilung. Sie wird repariert, genauso wie unsere normale DNA repariert wird. Sie kann nach der ursprünglichen Infektion jahre- oder jahrzehntelang im Ruhezustand liegen. Das Virus ist daher schwer zu bekämpfen. Es muß erkannt und zerstört werden, bevor es in eine Zelle eindringt, denn sobald es in die DNA der Zelle geschlüpft ist, ist es praktisch unsichtbar. Viele der Medikamente, die zur AIDS-Bekämpfung eingesetzt werden, wie etwa Azidothymidin (AZT), wirken dadurch, daß sie die Umkehr-Transcriptase deaktivieren und damit das Virus stoppen, bevor die Virus-DNA aufgebaut wird.

Das AIDS-Syndrom tritt auf, wenn die Virus-DNA Jahre später aktiv wird; dies geschieht oft dann, wenn die Wirtszellen unter Streß stehen oder von einer anderen Krankheit geschwächt sind. Die Virus-DNA trennt sich von der normalen DNA der Zelle und verhält sich dann weitgehend so wie die Nucleinsäure anderer Viren. Es werden viele Kopien der Virus-RNA hergestellt und daraus Hüllenproteine und die beiden speziellen Virus-Enzyme aufgebaut. Schließlich schnürt sich das Virus von der Zelloberfläche ab wie ein Grippevirus und nimmt dabei seine RNA und einige Moleküle der Umkehr-Transcriptase und -Integrase mit, überzogen von einer Lipidhülle; nun ist es bereit, eine neue Zelle zu befallen.

Das Herpesvirus, der Erreger von genitaler Herpes und Lippenbläschen, hat eine ähnliche Lebensweise. Das Virus dringt vorzugsweise in Nervenzellen ein, die dicht an der Infektionsstelle liegen. Dort schlüpft es in die DNA der Zelle und legt sich auf die Lauer. Bestimmte chemische Signale, vor allem solche, die im Körper umlaufen, wenn wir gestreßt oder erschöpft sind, lassen das Virus wieder zum Vorschein kommen. Es bewegt sich dann die Nervenfaser entlang bis zur Körperoberfläche (meist zu einer Schleimhaut, wie etwa auf der Innenseite der Lippen), wo es die Hautzellen nach typischer Virenart attackiert: Es dringt in die Zellen ein, vermehrt sich und zerstört die Zellen, wenn es fertig ist. Die schmerzhaften wunden Stellen sind ein Anzeichen für die Zerstörung der Zellen. Später bekommt unsere Körperabwehr den Ausbruch unter Kontrolle und die Entzündung heilt ab. Doch das Virus schlummert wieder in den Nervenzellen, bereit für die nächste Attacke.

Es gibt noch einen anderen Grund, warum das AIDS-Virus so besonders wirkungsvoll und schwer zu bekämpfen ist. Es befällt im allgemeinen genau die Zellen, die Antikörper bilden, und zerstört damit eine der wichtigsten Verteidigungswaffen unseres Körpers praktisch an Ort und Stelle. Die lange Latenzperiode und die Zerstörung des Immunsystems sorgen gemeinsam dafür, daß AIDS eine der größten gesundheitlichen Bedrohungen unserer Zeit darstellt. Glücklicherweise handelt es sich um ein sehr empfindliches Virus, das selbst unter sehr günstigen Bedingungen außerhalb des Körpers zerstört wird. Es kann daher nur durch die direkte Übertragung von Körperflüssigkeiten weiterverbreitet werden und verläßt nie das warme Innere eines menschlichen Körpers.

10 Gifte und Arzneistoffe

Wirksame Medikamente und gefährliche Gifte sind zwei Seiten derselben Medaille. Was für den einen Menschen ein Segen ist, kann Gift für einen anderen sein. Gifte greifen eine zentrale molekulare Maschine an und zerstören sie; dadurch wird ein lebenswichtiger Prozeß blockiert, und die Zelle stirbt ab. Antibiotika tun genau das gleiche: Sie blockieren oder zerstören eine zentrale molekulare Maschine. Antibiotika sind jedoch darauf ausgerichtet, nur einen Mikroorganismus zu vergiften, der in unseren Körper einzudringen versucht, ohne uns selbst dabei zu vergiften. Antibiotika sind spezifische Gifte. Sie sollen jeweils eine bestimmte molekulare Maschine vergiften, die für den krankmachenden Organismus lebenswichtig ist, in unserem Körper jedoch nicht gebraucht wird.

Die Medikamente, die wir einnehmen, um Kopfschmerzen zu bekämpfen oder Angstzustände zu mildern, sind gleichzeitig Gifte; sie sind jedoch viel schwächer als Antibiotika oder das klassische Gift, das wir aus der Geschichte kennen. Sie vergiften zeitweilig eine molekulare Maschine von untergeordneter Bedeutung, unterbrechen dadurch die Schmerzübertragung oder verändern die Nervensignale. Die Wirkung dieser Medikamente läßt nach kurzer Zeit nach; dann nämlich, wenn unser körpereigenes Abwehrsystem sie entfernt und zerstört.

Breitspektrum-Gifte

Gifte, die den zentralen Prozeß der Energieerzeugung blockieren, töten beinahe jeden Organismus, mit dem sie in Berührung kommen. Da die meisten modernen Organismen praktisch identische molekulare Maschinen verwenden, um

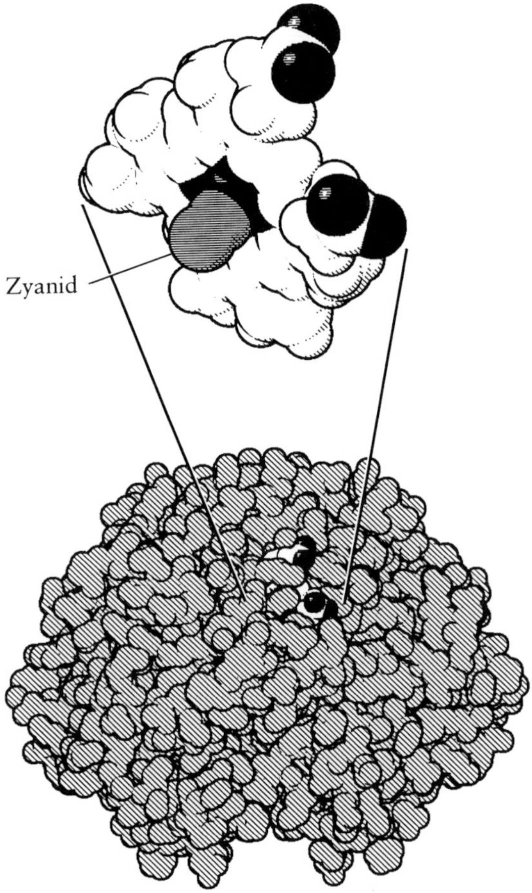

Abb. 57. Zyanid- und Kohlenmonoxid-Vergiftung. Zyanid und Kohlenmonoxid binden an Eisenatome in Proteinen, und zwar an der Stelle, an der normalerweise ein Sauerstoff gebunden wird. Hämoglobin (unten) ist ein beliebtes Opfer. Es enthält vier Eisenatome, die jeweils fest in der Mitte einer flachen Häm-Gruppe gehalten werden. Oben ist ein Zyanid dargestellt, das an das Eisenmolekül in einem Häm gebunden hat. (Oben: 30.000.000fach, unten: 10.000.000fach vergrößert)

Zucker in nutzbare Energie umzusetzen, ist ein Gift, das die Energieerzeugung in einem Bakterium blockiert, bei Pilzen, Pflanzen und Tieren gleichermaßen wirksam. Diese Gifte haben oft eine sehr einfache chemische Struktur und sind leicht herzustellen. Daher haben sie in der Geschichte des Menschen stets eine schillernde Rolle gespielt.

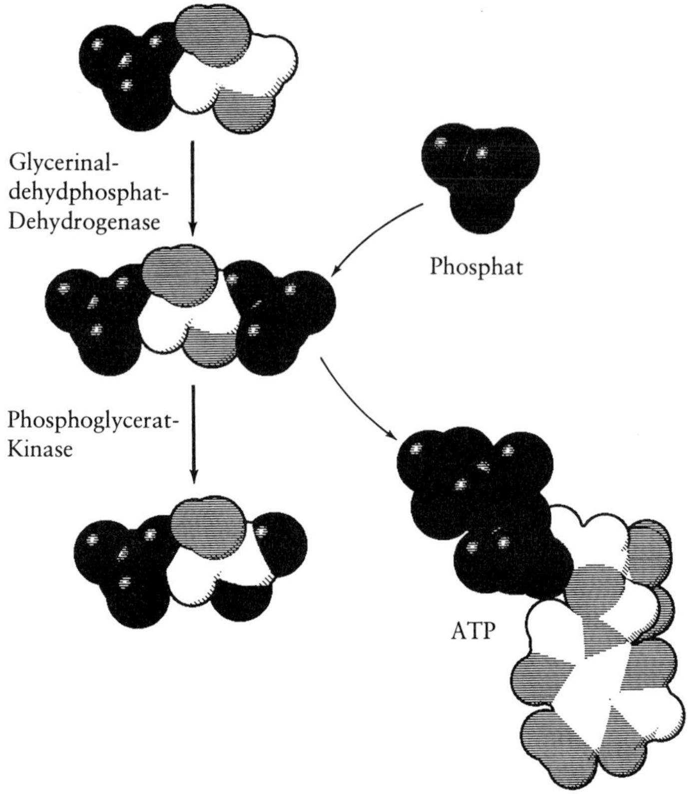

Abb. 58. Arsenvergiftung. Ein Arsenion ähnelt in seiner chemischen Zusammensetzung einem Phosphation und kann bei chemischen Reaktionen seinen Platz einnehmen. Auf der Abbildung oben ist die normale sechste und siebte Reaktion der Glycolyse dargestellt, wobei ein Molekül ATP gebildet wird. Auf der gegenüberliegenden Seite sieht man die gleichen Reaktionen, nur daß Phosphat durch Arsenat ersetzt wird. Beim siebten Reaktionsschritt fällt das Arsen ab, ohne daß ATP gebildet wurde. (30.000.000fach vergrößert)

Zyanid ist eines der wirksamsten aller bekannten Gifte (Abb. 57). Innerhalb von wenigen Minuten tötet Zyanid jeden sauerstoffverbrauchenden Organismus. Es eignet sich natürlich nicht als Medikament, weil es eine molekulare Maschine angreift, die für alle luftatmenden Organismen absolut wichtig ist – das gilt gleichermaßen für Bakterien, Pflanzen und Menschen. Würde man einen infizierten Patienten mit Zyanid behandeln, so würde man dabei mit dem Krankheitserreger auch den Patienten töten. Zyanid startet seinen Angriff beim letzten Schritt

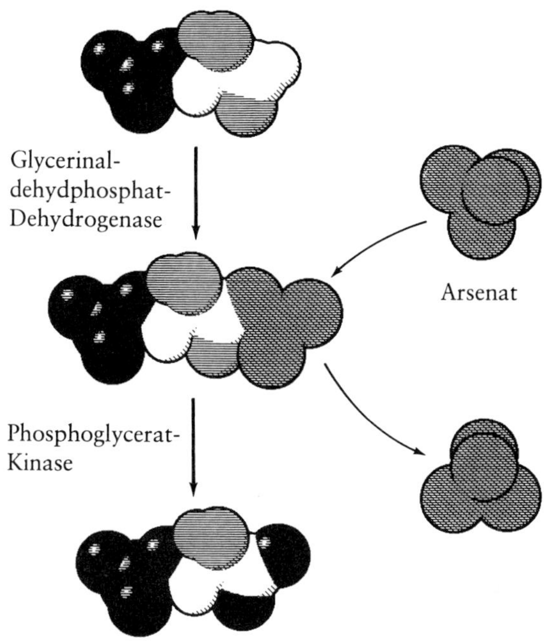

der Energieerzeugung, wenn Wasserstoffatome an Sauerstoff angefügt werden, so daß Wasser entsteht. Der große Enzymkomplex, der diese Reaktion durchführt, und der in den Zellmembranen von Bakterien sowie in den Mitochondrien höherer Organismen zu finden ist, enthält ein Eisenatom, das in eine Häm-Gruppe eingebettet ist, wie beim Hämoglobin. Zyanid bindet fest an das Eisen, und zwar an der Stelle, die normalerweise der Sauerstoff einnimmt; so wird der Sauerstoff blockiert, er kann keine Verbindung eingehen und die Reaktion unterbleibt. Die Zelle erstickt – umgeben von Sauerstoff, aber unfähig, ihn zu nutzen.

Das Zyanid ist ein berüchtigtes Gift. Der Stoff, der sowohl in seiner festen Form (Blausäuresalz) als auch in gasförmigem Zustand (Blausäure) giftig ist, wurde von dem Chemiker Karl Wilhelm Scheele entdeckt, der dann auch prompt an der Einwirkung der Dämpfe starb. Das schnell und schmerzlos wirkende Gift wurde in jüngerer Zeit sowohl bei der Vollstreckung der Todesstrafe als auch in den Gaskammern des Holocaust verwendet. Die Griechen und Römer gewannen das Zyanid aus Pfirsich- und Aprikosenkernen. Die Kerne enthalten Amygdalen, das heute unter dem Markennamen Laetril bei der Krebsbehandlung eingesetzt wird; Amygdalen gibt Zyanid ab, wenn es in ein alkalisches Milieu, zum Beispiel den oberen Darmbereich des Menschen, gelangt. Schon etwa 100 Gramm gemahlene Pfirsichkerne ergeben eine tödliche Dosis.

Kohlenmonoxid ähnelt dem Zyanid in Struktur und Reaktionsverhalten; es bindet fest an Eisenatome. Der Hauptschauplatz einer Kohlenmonoxidvergiftung sind die Eisenatome im Hämoglobin. (Weil Hämoglobin hauptsächlich bei Vertebraten, also Wirbeltieren, vorkommt, hat Kohlenmonoxid einen begrenzteren Wirkungsspielraum als Zyanid.) Seine Verbindung mit dem Hämoglobin ist 250mal fester als die des Sauerstoffs; es blockiert den Sauerstoffzufluß aus den Lungen in die Zellen unseres Körpers. Aufgrund dieser festen Verbindung ist es schwer, Kohlenmonoxid zu entfernen. Wird eine Stunde lang reiner Sauerstoff eingeatmet, so vermindert sich die Konzentration gebundenen Kohlenmonoxids in dieser Zeit nur um die Hälfte.

Ein weiteres wirksames Gift ist das Arsen, das viele Organismen auf einer bestimmten Stufe der Glycolyse angreift (Abb. 58). Arsen wirkt in Form des Arsenations (ein Arsenatom verbunden mit vier Sauerstoffatomen). Arsenat ähnelt in seiner chemischen Zusammensetzung einem Phosphation und entfaltet seine Wirkung, indem es bei Reaktionen in der Zelle dessen Platz einnimmt. So wird zum Beispiel beim sechsten Schritt der Glycolyse normalerweise ein Phosphation aus der Lösung an einen Zucker angehängt und dann beim siebten Schritt zur ATP-Gewinnung genutzt. Arsen ersetzt bei dieser Reaktion das Phosphat und wird an seiner Stelle an den Zucker angehängt. Leider fällt es beinahe sofort wieder ab, denn die Zucker-Arsenat-Verbindung wird im Wasser leicht aufgebrochen. Die Glycolyse geht dann normal mit dem achten Schritt weiter, doch die Zelle hat beim siebten Schritt kein ATP erzeugt. Arsenat wirkt also durch Abkopplung: Es wird noch immer Zucker abgebaut, doch dieser Vorgang ist nicht mehr mit der Produktion von ATP gekoppelt.

Arsen ist das klassische Gift der Mörder. Als Rattengift ist es überall erhältlich. Es ist praktisch geschmacklos, und schon eine winzige Menge, ein Zehntelgramm des weißen Pulvers, hat tödliche Wirkung. Zum Glück kann es durch moderne gerichtsmedizinische Verfahren beim Opfer leicht nachgewiesen werden, so daß ein vorsätzliches Vergiften mit Arsen heute nur noch selten vorkommt. Früher war das anders; Arsen wurde bereits im alten Ägypten oder noch früher zu diesem Zweck verwendet. Man nimmt heute an, daß die berühmten Vergiftungsserien bei den Borgias wie auch bei den Medici durch Arsen erfolgten. Ein interessanter Aspekt, der oft von Krimi-Autoren aufgegriffen wird, ist die Tatsache, daß man durch die Verabreichung kleiner Dosen über einen Zeitraum von mehreren Monaten hinweg eine Arsen-Toleranz erzielen kann. Dann verzehrt der gut vorbereitete Mörder seelenruhig zusammen mit dem Opfer die vergiftete Nachspeise. Diese Toleranz ist wahrscheinlich auf die Produktion zusätzlicher Enzymmoleküle im Körper des Übeltäters zurückzuführen, wodurch der Körper mit der Giftdosis fertig wird und noch genug funktionsfähige Moleküle übrigbehält.

Gifte und Arzneistoffe im Nervensystem

Die Übertragung von Signalen innerhalb unseres Nervensystems bietet Arzneistoffen und Giften viele Angriffspunkte (Abb. 59). Besonders Pflanzen verstehen es meisterhaft, Gifte herzustellen, die verschiedene Schritte bei der Signalübertragung blockieren. Diese Gifte richten sich speziell gegen Tiere. Pflanzen haben keine Nerven, so können sie die Gifte herstellen und in ihren Geweben speichern, ohne daß es eine negative Wirkung hätte. In abgeschwächter Form werden diese Gifte als Medikamente eingesetzt. Sie verändern kurzzeitig das Verhalten bestimmter Nerventypen, wirken spannungsmindernd oder schmerzhemmend oder rufen erholsame Halluzinationen hervor.

Curare, Atropin und Schierling sind aus Pflanzen gewonnene Gifte, die alle das gleiche Protein angreifen. Sie blockieren an der Oberfläche von Muskelzellen die Bindung von Acetylcholin an sein Rezeptor-Protein. Acetylcholin trägt ein chemisches Signal über die Synapse vom Nerven zum Muskel und gibt dem Muskel das Signal zur Kontraktion. Wird der Acetylcholin-Rezeptor blockiert, kommt es also zu einer Lähmung.

Die Ureinwohner Südamerikas verwenden Curare in ihren Pfeilen und Blasrohren. Curare wird aus aus den Blättern der Buschliane *(Strychnos toxifera)* gewonnen, einer Schlingpflanze, die im südamerikanischen Urwald an Bäumen empor-

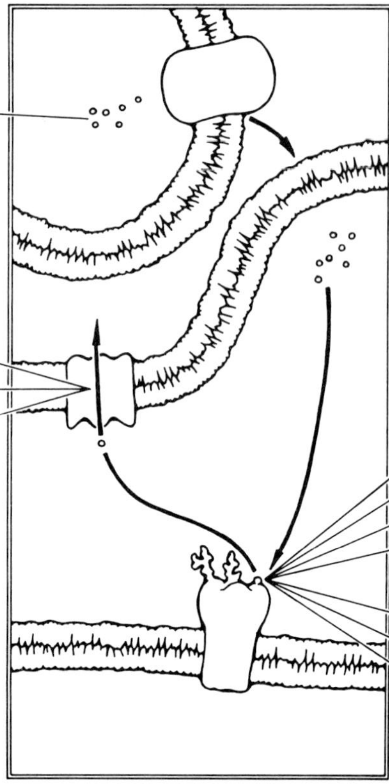

Abb. 59. Angriffspunkte von Giften und Arzneistoffen im Nervensystem. Viele Betäubungsmittel wirken auf die Nervensynapsen ein (siehe Abb. 44, die detaillierte Abbildung einer Synapse). Amphetamin verdrängt Neurotransmitter aus Speichervesikeln. Halluzinogene wie LSD, Psilocin und Meskalin blockieren die Aufnahme von Neurotransmittern am synaptischen Spalt. Stoffe mit beruhigender Wirkung, wie Alkohol, Barbiturate und Diazepam, verstärken die Aktivität hemmender Rezeptoren, während Strychnin sie blockiert. Atropin, Curare und Schierling blockieren erregende Rezeptoren und verursachen so Lähmungen. (1.000.000fach vergrößert)

klettert und ihnen die Luft abschnürt. Die ersten Forscher brachten einen sehr anschaulichen Bericht von der Curare-Gewinnung mit. Danach wurden mehrere alte Frauen des Stammes mit allen notwendigen Zutaten in einer Hütte eingeschlossen. Ein paar Tage später wurden die Türen geöffnet, und wenn die Frauen infolge der bei der Destillation entstehenden Dämpfe nicht halbtot herumlagen, wurden sie bestraft, denn dann war das Gift nicht stark genug.

Curare eignet sich ausgezeichnet als Jagdgift, da es nicht über den Verdauungstrakt aufgenommen wird. Kleine Dosen von Curare wirken tödlich, wenn sie mit einer Pfeilspitze in den Körper des Opfers eindringen, aber das vergiftete Fleisch kann unbesorgt verzehrt werden. Curare hat seinen Platz in der modernen Medizin eingenommen, indem es bei chirurgischen Eingriffen zur Muskelentspannung verwendet wird.

Atropin, das Gift der Tollkirsche oder Belladonna (*Atropa belladonna*), kommt überraschenderweise auch in der Alraune (*Mandragora officinarum*) vor, einer Pflanze, die wegen des menschenähnlichen Aussehens ihres Wurzelstocks lange Zeit von Mystikern verwendet wurde. Die meisten von uns haben schon einmal eine Atropinvergiftung erlebt, nämlich, als wir unsere Augen beim Augenarzt untersuchen ließen. Ein Tröpfchen Atropin in jedes Auge lähmt vorübergehend die Muskeln, die die Iris steuern, und erweitert die Pupillen.

Der giftige Schierling (*Conium maculatum*) enthält den Giftstoff Coniin, der auf die gleiche Weise zur Muskellähmung führt wie Atropin und Curare. Schierling ist eine in Europa und Asien weitverbreitete, inzwischen auch in Nordamerika heimische Pflanze, die eng mit der ungiftigen Wildform der Karotte, unserer Speisemöhre und dem Sellerie verwandt ist. Das berühmteste historische Opfer einer Schierlingsvergiftung ist Sokrates. Aus Berichten über seinen Tod geht der typische Verlauf einer Schierlingsvergiftung hervor. So heißt es, daß er noch eine Viertelstunde nachdem er das giftige Getränk zu sich genommen hatte, herumging und sich dann hinsetzte, als seine Glieder zu schwer wurden. Der Tod trat nach einer Stunde ein, nachdem das Gift sein Herz erreicht hatte.

Ein besonders niederträchtiges Gift ist das Strychnin; es benutzt einen anderen Angriffspunkt als die drei eben erwähnten Gifte. Es wird aus einer in Indien heimischen Schlingpflanzenart (*Strychnos nux-vomica*) gewonnen. Strychnin blockiert die hemmenden Rezeptoren in Nervensynapsen, die normalerweise das Abfeuern von Nervensignalen dämpfen, damit die Nerven sich nicht ständig selbst reizen oder die benachbarten Nerven erregen. Strychnin blockiert diesen Kontrollmechanismus, was eine fatale Wirkung hat.

Strychnin ist unglaublich stark: Die tödliche Dosis beträgt nur 15–30 Milligramm. Bei einer Strychninvergiftung treten die Symptome in einer ganz bestimmten Reihenfolge auf. Schon wenige Minuten nachdem das Opfer die winzige tödliche Dosis zu sich genommen hat, entwickelt es Beklemmungsgefühle und fängt an zu zucken. Nach 10–20 Minuten setzen Krämpfe ein. Die kleinste Bewegung, ein Geräusch oder ein anderer Reiz veranlaßt jeden Muskel im Körper des Opfers gleichzeitig zur Kontraktion, so daß sich der ganze Körper versteift und verkrümmt. Da die Weitergabe von Signalen an die Muskeln völlig unkontrolliert erfolgt, breitet sich jedes Signal in Windeseile wellenförmig aus und erreicht alle Nerven, die ihrerseits allen Muskeln signalisieren, daß sie sich zusammenziehen sollen. Zur Behandlung einer Strychninvergiftung muß sich der Patient in möglichst lockerer Kleidung in einem dunklen Raum aufhalten, damit die Sinnesreize vermindert werden, die sofort einen Krampf auslösen würden.

Diazepam (Valium), Barbiturate (Schlafmittel) und alkoholische Getränke, die oft unter der Bezeichnung *Sedativa* oder Beruhigungsmittel zusammengefaßt werden, wirken ebenfalls auf die hemmenden Rezeptoren ein. Man nimmt jedoch an, daß sie den Rezeptor in umgekehrter Richtung beeinflussen, indem sie an eine andere Stelle des Proteins binden als Strychnin und eine schwächere Reaktion hervorrufen. Sedativa scheinen die Bindung von Neurotransmittern an hemmende Rezeptoren zu erleichtern; sie verstärken die hemmende Wirkung und verlangsamen das Abfeuern von Nervensignalen. Die verschiedenen Sedativa verstärken sich gegenseitig in ihrer Wirkung – Alkohol verstärkt die Wirkung von Schlafmitteln erheblich –, weil sie alle auf das gleiche Protein einwirken.

Sedativa beeinflussen Nerven überall im Körper. Bei höherer Dosierung wird die Wirkung allmählich immer stärker; es beginnt mit der Befreiung von Angstgefühlen und steigert sich zu Enthemmung, gedämpfter Wahrnehmung, Hypnose (Schlaf), Betäubung des ganzen Körpers, bis hin zum Koma und schließlich zum Tod. Die ersten Stufen dieser Abfolge sind die Wirkungen, die wir uns erhoffen, wenn wir ein paar Drinks zu uns nehmen, die letzten sind Ausdruck von Abhängigkeit, die mit einer Überdosis enden kann.

Alkohol ist vielleicht die am weitesten verbreitete Droge. Er wird schon seit Anbeginn der Geschichtsschreibung konsumiert, und man nahm früher an, daß er fast jedes menschliche Leiden kurieren könne. Alkohol hat einen sehr hohen Brennwert. Der Alkohol, den wir trinken, wird zu fünfundneunzig

Prozent über den Zitronensäurezyklus und die oxidative Phosphorylierung abgebaut, wobei ATP entsteht. Die übrigen 5 % werden mit dem Urin und der Atemluft ausgeschieden. Alkohol enthält jedoch im Gegensatz zu einer ausgewogenen Kost keinerlei Nährstoffe, er führt uns nur Kalorien zu, aber keine Stoffe, die dem Wachstum und der Aufrechterhaltung unserer Lebensvorgänge dienen.

Amphetamine und Sedativa haben eine entgegengesetzte Wirkung. Amphetamine wirken als Anregungsmittel oder *Stimulanzien*, die das Abfeuern von Neuronen verstärken. Amphetamine ähneln in ihrer Struktur den Neurotransmittern Norepinephrin und Dopamin. Amphetamine sickern in die Nervenzelle ein, und weil sie den Neurotransmittern so ähnlich sind, verdrängen sie sie aus den Speichervesikeln. Die Neurotransmitter treten dann auf eigene Faust aus der Zelle aus und aktivieren die Rezeptoren auf der anderen Seite der Synapse. Auf diese Weise sorgen Amphetamine dafür, daß Nervenzellen ohne einen normalen Reiz Signale abfeuern.

Psychedelische (bewußtseinserweiternde) Stoffe wirken erwartungsgemäß ebenfalls auf die Nervensynapsen ein. Psilocin (die aus Pilzen gewonnene Droge), Meskalin (die Droge aus Peyote) und LSD sind alle in ihrer chemischen Zusammensetzung dem Neurotransmitter Serotonin sehr ähnlich. Serotonin tritt nur an sehr wenigen Synapsen auf; darunter sind einige, die direkt an der Aufnahme von Sinnesreizen beteiligt sind. Psychedelische Stoffe scheinen die Beseitigung von Serotonin aus der Synapse zu verlangsamen, so daß die Nervenzellen länger aktiviert bleiben. Das erklärt ein häufiges psychedelisches Erlebnis: die Überkreuzung von Sinneswahrnehmungen. Farben werden als Reize des Tastsinns erlebt und umgekehrt. LSD ist bei weitem die stärkste der psychedelischen Drogen; schon wenige Mikrogramm genügen, um eine Wirkung hervorzurufen. Dieser Stoff wurde 1938 von Albert Hofmann entdeckt, der seine Wirkungen zu spüren bekam, nachdem er durch Zufall eine kleine Menge zu sich genommen hatte. (Viele Fortschritte in der Chemie verdanken wir unerschrockenen Chemikern, so wie die Entdeckung von Süß- und Aromastoffen und – Pech für ihre Entdecker – einige Gifte.) Hofmann erforschte die Wirkung von LSD dann in einer Reihe von kontrollierten Versuchen, bei denen er selbst als Testperson fungierte.

Schmerzstillende Mittel

Das aus dem Schlafmohn (*Papaver somniferum*) gewonnene Morphium ist das wirksamste bekannte Schmerzmittel (Abb. 60). Wenn Morphium und die daraus abgeleiteten Stoffe – die sogenannten Opiate, wie etwa Heroin – an Rezeptoren im Gehirn binden, verändert sich unsere Schmerzwahrnehmung. Der Schmerz ist immer noch zu spüren, wird aber nicht mehr als unangenehm empfunden. In jüngster Zeit hat die Forschung die Enkephaline entdeckt, körpereigene Moleküle, die auf diese Rezeptoren einwirken und Schmerzsignale vorübergehend so verändern, daß sich unsere Schmerzschwelle erhöht, wenn dies notwendig ist.

Acetylsalicylsäure (Aspirin) und Acetaminophen (Tylenol) wirken am anderen Ende des Schmerzprozesses, am Ausgangspunkt der Schmerzsignale. Die Zellen in unserer Haut und in anderen Geweben geben bei einer Beschädigung kleine Moleküle, die sogenannten Prostaglandine, ab. Eine hohe Prosta-

Abb. 60. Schmerzstillende Opiate. Morphium ähnelt in seiner chemischen Zusammensetzung einem Abschnitt von Enkephalin, einem sehr kleinen Protein, das eins der natürlichen Schmerzmittel unseres Körpers darstellt. (30.000.000fach vergrößert)

glandin-Konzentration ist für die Nerven das Zeichen, ein Schmerzsignal weiterzuleiten. Die genannten Arzneistoffe blokkieren die beiden Enzyme, die aus einem gewöhnlichen Lipid Prostaglandine aufbauen. Acetaminophen blockiert das erste Enzym, die Prostaglandin-Synthetase, und Aspirin blockiert das zweite Enzym, die Cyclooxygenase.

Antibiotika

Es mag uns heute seltsam erscheinen, aber die Vorstellung, daß Mikroorganismen Krankheiten verursachen – daß die unsauberen Hände eines Arztes beim Patienten sofort eine Infektion hervorrufen können – setzte sich erst im vorigen Jahrhundert durch. Die Entdeckung mikroskopisch kleiner Krankheitserreger machte deutlich, wie wichtig es ist, die Organismen an den Händen der Ärzte und an den Oberflächen medizinischer Instrumente abzutöten. Die Suche nach spezifischen Bakteriengiften begann.

Die erste Methode, die noch heute gebräuchlich ist, bestand in der Verwendung eines antiseptischen Mittels. Antiseptika sind milde Gifte, die Mikroorganismen abtöten, indem sie sie völlig umschließen. Da wir nur unsere Haut mit dem Antiseptikum in Berührung bringen, sterben nur ein paar Zellen an der Oberfläche, nicht aber unser gesamter Körper. Lösungen, die Chlor, Brom oder Jod enthalten, sind wirksame Desinfektionsmittel. Diese reaktionsfreudigen Atome greifen Schwefelatome in bakteriellen Enzymen an und deaktivieren sie. Quecksilberhaltige Verbindungen, wie die in Merthiolat, verhalten sich ähnlich. Auch Alkohol wird häufig verwendet. Werden bakterielle Proteine von konzentriertem Alkohol umschlossen, falten sie sich auseinander und sind damit außer Gefecht gesetzt.

Der nächste große Fortschritt in der medizinischen Biochemie war die Entdeckung der Sulfanilamide. Dies waren die ersten Stoffe, die eingenommen werden konnten, um bevorzugt Mikroorganismen abzutöten, und zwar unter minimalem Risiko für den Patienten. Sulfanilamide greifen ein bakterielles Enzym an, das eine Schlüsselrolle bei der Nucleotid-Synthese spielt. Später wurden sogar noch wirksamere antibiotische Arzneistoffe entdeckt – Stoffe, die normalerweise von Schimmelpil-

Abb. 61. Penicillin. Penicillin ähnelt in seinem chemischen Aufbau dem bakteriellen Zucker N-Acetlymuraminsäure (NAM) und blockiert das bakterielle Enzym, das NAM in die wachsende Zellwand des Bakteriums einbaut. (30.000.000fach vergrößert)

zen ausgeschieden werden, um das Wachstum von Bakterien um sie herum unter Kontrolle zu halten. Das bekannteste ist das Penicillin; es blockiert ein Enzym, das die Zucker in der Peptidoglycan-Schicht der Bakterien aneinanderreiht (Abb. 61). Diese Schicht ist das wichtigste Stützelement der Zellwand; ohne sie ist die Zelle leicht zu zerstören. Das Entscheidende beim Penicillin ist, daß es eine molekulare Maschine angreift, die bei anderen Organismen, auch beim Menschen, nicht vorkommt. Der Arzneistoff wirkt spezifisch auf Bakterien.

Wodurch unterscheiden sich Bakterienzellen sonst noch von menschlichen Zellen? Vorgänge, die anders ablaufen als in unserem eigenen Körper, würden ausgezeichnete Angriffspunkte für antibiotische Wirkstoffe darstellen. Ein Unterschied wird auf den Bildern in Teil II deutlich: Die bakteriellen Ribosomen unterscheiden sich von unseren Ribosomen. Chloramphenicol ist ein Antibiotikum, das bakterielle Ribosomen angreift und die größeren Ribosomen im Cytoplasma des Menschen unbehelligt läßt. Es ist jedoch ziemlich giftig, wahrscheinlich weil es auch die bakterienähnlichen Ribosomen in unseren Mitochondrien befällt. Streptomycin wirkt spezifischer; es greift ausschließlich bakterielle Ribosomen an.

Leider schreitet der Evolutionsprozeß bei Bakterien unglaublich schnell voran, weil sie sich so rasch vermehren. In den

Jahrzehnten seit dem Aufkommen der Antibiotika haben sich viele resistente Bakterientypen entwickelt. Bakterien werden resistent gegen Penicillin, indem sie ein Enzym (eine Penicillinase) erzeugen, das den Wirkstoff zerstört. Durch Mutation haben viele Bakterien ein solches Enzym entwickelt, indem sie bereits vorhandene Verdauungsenzyme leicht abänderten. Als Reaktion darauf müssen die Arzneimittelhersteller einen leicht abgeänderten Arzneistoff finden, der sich durch ein paar Atome von dem früheren Stoff unterscheidet und immer noch die Bildung der Zellwand blockiert, den die Penicillinase jedoch nicht spalten kann. Dieses Tauziehen findet in der modernen Medizin ständig statt.

Entdeckung und Entwicklung neuer Arzneistoffe

Die Suche nach neuen Medikamenten erfolgte in der Vergangenheit meist aufs Geratewohl, was viele Enttäuschungen mit sich brachte, und daran hat sich bis heute eigentlich kaum etwas geändert. Ein gutes Beispiel dafür ist die Geschichte des Äthers. In der Frühphase der medizinischen Forschung entdeckte man durch einen Zufall, daß Äther die Sinneswahrnehmung eines Patienten dämpft, so daß schmerzhafte chirurgische Eingriffe mit weit geringeren Beschwerden verbunden sind. Damit fiel der Startschuß für die Suche nach noch besseren Narkosemitteln. Bei dieser Suche ging man mit erschreckend riskanten Methoden vor: Testpersonen bekamen Schüsseln mit einer Lösung, deren Dämpfe sie einatmen mußten, und sollten dann über die Wirkung berichten. Weil über die molekularen Abläufe, die einer Betäubung zugrundeliegen, praktisch nichts bekannt war, wurden auf gut Glück verschiedene Stoffe durchprobiert.

Heute weiß man mehr über die molekularen Prozesse, auf denen die Wirkung eines Medikaments beruht, so daß die Entdeckung und Verbesserung von Arzneistoffen gezielt vorangetrieben werden kann. Die typische Vorgehensweise besteht darin, daß an einem bereits vorhandenen Arzneistoff systematisch Hunderte von kleinen molekularen Veränderungen durchgeführt werden, indem man hier und da ein paar Atome hinzufügt. Jeder dieser sehr ähnlichen Arzneistoffe wird dann in

Versuchsreihen ausgetestet. Die Tests erfolgen zunächst an Zellkulturen, dann werden die besten Stoffe an Tieren und schließlich die allerbesten und sichersten Stoffe am Menschen erprobt. Die Ausgangsstoffe werden jedoch auch heute noch oft durch Zufall gefunden, indem ein Forscher etwa bei der Untersuchung irgendeines unscheinbaren Pilzes oder einer Pflanze darauf stößt.

Neuentwicklungen auf dem Gebiet der computergestützten Pharmaforschung versprechen diesen Prozeß in Zukunft zu beschleunigen und rationeller zu gestalten. Es geht darum, Tausende möglicher Arzneistoffe mit Hilfe des Computers auszutesten, indem man am Modell untersucht, wie der Arzneistoff mit den molekularen Maschinen, auf die er angesetzt wird, interagieren wird. Durch die Testreihen am Computer sollte es möglich sein, ein Großteil der in Frage kommenden Stoffe auszusortieren, indem man zeigt, daß sie keine günstige Wirkung auf die Zielmoleküle haben. Chemiker und Medikamentenforscher brauchten dann nur noch die besten der in Frage kommenden Stoffe zu synthetisieren und auszutesten.

Die beiden für diesen Prozeß jeweils notwendigen Informationen sind in der Biochemie heute bereits vorhanden. Erstens sind viele der molekularen Maschinen, auf die ein Medikament einwirkt, bis ins Detail ihres atomaren Aufbaus bekannt. Forscher haben die genaue Atomstruktur von Dutzenden von Proteinen bestimmt; Hunderte weiterer Stoffe werden gerade untersucht und bilden damit eine Fülle von potentiellen Zielen. Zweitens sind die Kräfte, die bei der Verbindung von Arzneistoffen mit diesen molekularen Maschinen wirksam werden, gründlich erforscht, so daß ein exaktes Computermodell von ihnen erstellt werden kann. Mit der Gesamtheit dieses Wissens ist computergestützte Pharmaforschung realisierbar. Natürlich stellen sich immer noch viele kleine Probleme, die aus dem Weg geräumt werden müssen, aber ein guter Ausgangspunkt ist bereits vorhanden.

Ausblick

Die Biochemie ist heute eine spannende und zukunftsträchtige Disziplin. Die biochemische Forschung macht gerade einen Riesenschritt nach vorn, von der Beobachtung hin zur Anwendung. Die Biochemie ist traditionell eine beobachtende Wissenschaft. Durch die Betrachtung von ganzen Zellen, Zellteilen und einzelnen Molekülen im Innern der Zellen haben die Biochemiker in den letzten hundert Jahren eine erstaunliche Wissensfülle angehäuft.

Die Abbildungen in diesem Buch führen die Tradition des Beobachtens fort: Die Vielfalt biochemischer Informationen, die von unzähligen Wissenschaftlern gesammelt wurden, finden sich hier in ein paar einprägsamen Bildern zusammengefaßt.

Doch genauso wie Physiker im vorigen Jahrhundert ihre Beobachtungen von Blitzen und den Bewegungen der Planeten dazu benutzt haben, Transistoren und Raumschiffe zu bauen, bringen die Biochemiker jetzt ihr gesammeltes Wissen bei den wichtigsten Fragestellungen der Medizin und in der Industrie zur Anwendung. Biochemiker arbeiten an der Entwicklung von Medikamenten, die das AIDS-Virus angreifen sollen, und sie suchen Methoden, um Krebszellen zu erkennen und zu zerstören. Forscher auf dem privaten Sektor entwickeln Bakterien- und Hefearten, die riesige Mengen nützlicher Proteine erzeugen sollen, wie etwa Hormone, künstliches Blut und Mittel zur Krebsbekämpfung. Molekularbiologen schneiden routinemäßig die zelluläre DNA auseinander, verändern durch Spleißen die Anordnung der Gene und schaffen so schädlingsresistente Pflanzen oder schadstoffvertilgende Bakterien. Unser zunehmendes Wissen über die lebenswichtigen Maschinen in unserem Körper gibt uns die Möglichkeit, die biologischen Aspekte unseres Lebens zu steuern und zu verbessern.

Weiterführende Literatur

Lehrbücher

Alberts B, Bray D, Lewis J, Raff M, Roberts K, Watson JD (1990) Molekularbiologie der Zelle, 2. Auflage VCH, Weinheim

Buddecke E (1989) Grundriß der Biochemie. De Gruyter, Berlin

Dose K (1992) Biochemie, 2. Aufl. Springer, Berlin Heidelberg New York

Stryer L (1991) Biochemie. Spektrum, Heidelberg

Spezialthemen

Atkins PW (1988) Moleküle. Spektrum, Heidelberg

Bosco D (1980) The people's guide to vitamins and minerals, from A to Zinc. Contemporary Books, Chicago

de Duve C (1988) Die Zelle. Spektrum, Heidelberg

Dickerson RE, Geis I (1969) The structure and action of proteins. Harper & Row, New York

Kessel RG, Shih CY (1976) Scanning electron miscroscopy in biology. Springer, Berlin Heidelberg New York

Lentz TL (1971) Cell fine structure. Saunders, Philadelphia

Neidhard FC, Ingraham JL, Schaechter M (1990) Physiology of the bacterial cell. Sinauer Associates, Sunderland

Roland JC, Szollosi A, Szollosi D (1977) Atlas of cell biology. Little, Brown, Boston

Synder SH (1988) Chemie der Psyche. Spektrum, Heidelberg

Stevens SD, Klarner A (1990) Deadly doses: A writer's guide to poisons. Writer's Digest, Cincinnati

Traut W (1991) Klassische und molekulare Cytogenetik. Springer, Berlin Heidelberg New York

Atom-Parameter

Die computergenerierten Abbildungen wurden mit Hilfe von Atom-Parametern aus der Brookhaven Protein Data Bank errechnet. Ich nenne an dieser Stelle die Urheber der einzelnen Struktur-Datensätze und danke allen für die Großzügigkeit, mit der sie die Ergebnisse ihrer wissenschaftlichen Arbeit der Öffentlichkeit zugänglich gemacht haben.

6ADH (Alkohol-Dehydrogenase). Eklund H.
3CLN (Calmodulin). Babu YS, Bugg CE, Cook WJ.
3CRO (Cro-Protein-DNA). Mondragon A, Harrison SC.
3DFR (Dihydrofolat-Reductase). Filman DJ, Matthews DA, Bolin JT, Kraut J.
2ENL (Enolase). Lebioda L, Stec B.
1FC1 (Immunoglobulin-Fc-Fragment). Deisenhofer J.
1GCN (Glucagon). Blundell TL, Sasaki K, Dockerill S, Tickle IJ.
1GD1 (Glyceraldehyd-3-phosphat-Dehydrogenase). Skarzynski T, Moody PCE, Wonacott AJ.
2GLS (Glutamin-Synthetase). Eisenberg D, Almassy RJ, Yamashita MM.
1HCO (Kohlenmonoxihämoglobin). Baldwin JM.
2HHB (Desoxihämoglobin). Fermi G, Perutz MF.
1HHO (Oxihämoglobin). Shaanan B.
1HKG (Hexokinase). Bennett WS Jr, Steitz TA.
4HVP (HIV-1-Protease). Miller M, Schneider J, Sathyanarayana BK, Toth MV, Marshall GR, Clawson L, Selk L, Kent SBH, Wlodawer A.
2IG2 (Immunoglobulin-G1). Marquart M, Huber R.
4INS (Insulin). Dodson GG, Dodson EJ, Hodgkin DC, Isaacs NW, Vijayan M.

5PEP (Pepsin). Cooper JB, Khan G, Taylor G, Tickle IJ, Blundell TL.
1PFK (Phosphofructokinase). Shirakihara Y, Evans PR.
1PGI (Glucose-6-phosphat-Isomerase). Muirhead H.
3PGK (Phosphoglycerat-Kinase). Shaw PJ, Walker NP, Watson HC.
3PGM (Phosphoglycerat-Mutase). Campbell JW, Hodgson GI, Warwicker J, Winn SI, Watson HC.
1PRC (Photosynthetisches Reaktionszentrum). Deisenhofer J, Epp O, Miki K, Huber R, Michel H.
1PYK (Pyruvat-Kinase). Muirhead H, Levine M, Stammers DK, Stuart DI.
4TNA (Transfer-RNA). Jack A, Ladner JE, Klug A.
3TRA (Transfer-RNA). Westhof E, Dumas P, Moras D.
2YPI (Triose-phosphat-Isomerase). Lolis E, Petsko GA.

Abbildungen

Farbtafeln ab Seite 60

Schwarzweiß-Abbildungen

Sachverzeichnis

Z